普通高等教育"十三五"规划教材

土木工程类系列教材

材料力学试验教程
（第2版）

方治华　顾永强　朱云　编著

清华大学出版社

北京

内 容 简 介

本书系统地介绍了材料力学试验的基础知识、试验内容和试验方法。全书共 5 章,内容包括材料力学试验常用仪器设备的基本原理和操作方法,电测应力分析的基本原理、方法和工程应用实例,材料力学基本试验项目和扩展性的开放试验项目。本书力图使学生在完成试验的同时扩展相关知识、开阔工程视野、加深对力学问题的理解,为此在基本试验项目之后对相关问题进行了分析讨论;同时,介绍了更多的扩展性试验项目,供有能力的学生在开放试验室自主完成。

本书可以作为试验教材,供开设材料力学课程或单独开设材料力学试验课程的本科院校相关专业学生使用,也可供广大工程技术人员学习和参考。

图书在版编目(CIP)数据

材料力学试验教程/方治华,顾永强,朱云编著. —2 版. —北京:清华大学出版社,2019(2021.6重印)
(普通高等教育"十三五"规划教材·土木工程类系列教材)
ISBN 978-7-302-52942-2

Ⅰ. ①材…　Ⅱ. ①方… ②顾… ③朱…　Ⅲ. ①材料力学－实验－高等学校－教材
Ⅳ. ①TB301-33

中国版本图书馆 CIP 数据核字(2019)第 083565 号

责任编辑:赵益鹏　秦　娜
封面设计:陈国熙
责任校对:赵丽敏
责任印制:沈　露

出版发行:清华大学出版社
　　　　网　　　址:http://www.tup.com.cn,http://www.wqbook.com
　　　　地　　　址:北京清华大学学研大厦 A 座　　　　　邮　　编:100084
　　　　社 总 机:010-62770175　　　　　　　　　　邮　　购:010-62786544
　　　　投稿与读者服务:010-62776969,c-service@tup.tsinghua.edu.cn
　　　　质量反馈:010-62772015,zhiliang@tup.tsinghua.edu.cn
印 装 者:三河市少明印务有限公司
经　　销:全国新华书店
开　　本:185mm×260mm　　印　张:7.5　　插　页:5　　字　　数:197 千字
版　　次:2007 年 12 月第 1 版　2019 年 7 月第 2 版　　印　　次:2021 年 6 月第 2 次印刷
定　　价:29.00 元

产品编号:079603-01

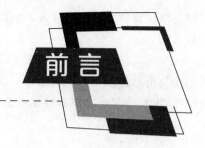

Foreword

材料力学试验是材料力学课程的重要组成部分,其教学目的是通过试验加强学生对材料力学理论的理解,培养学生的试验研究能力和仪器操作技能。完成材料力学试验,也有助于提高学生综合处理和研究问题的能力。材料力学试验虽然是材料力学课程的组成部分,但其独立于材料力学理论教学,既有对材料力学理论加深理解的作用,也有培养试验研究能力的作用,因此需要独立的教材。早在 2006 年,本书编者就编写并出版了《材料力学试验》教材。近年来,计算机的应用使力学测试手段和数据处理能力得到很大提高,试验设备有了快速发展和更新,需要新的配套试验教材以提高材料力学试验教学水平。因此,在原《材料力学试验》教材的基础上,结合近年来研究型、设计型试验教学研究成果,修订编著了本书,并由清华大学出版社出版。目前配套数字化教学资源成为教材出版的一种新趋势,在编写本书时,也配套了数字课程教学资源,学生可以通过扫描二维码观看学习。

本书共分 5 章。第 1 章是绪论,介绍材料力学试验的基础知识和对试验课的要求。第 2 章是材料力学试验主要设备,介绍材料力学试验常用仪器设备的基本原理和操作方法。第 3 章是电测应力分析原理和设备,介绍电测应力分析的基本原理、电桥接线方法和仪器设备。由于各学校所用仪器设备有所不同,并且近年更新或引进了自动化程度较高的设备,因此本书既介绍传统使用的仪器设备,也介绍了先进的仪器设备,并向学生介绍了几个电测应力分析方法的工程应用实例,以增强学生对电测应力分析方法的工程应用的认识。第 4 章是材料力学基本试验,立足于满足材料力学多学时教学大纲对试验教学的要求,介绍材料力学基本试验项目。为了使学生在完成试验的同时开阔视野、加深理解、探索问题,每一个试验项目之后还增加了相关问题的分析讨论。第 5 章是材料力学开放试验,为有条件的学校和学生提供一些扩展性的选做试验,以满足材料力学试验室开放学生自主试验的需要。由于大多数学校材料力学试验不单独设课,在编写时,将本书定位为辅助教材,要求学生在试验课前通过自学相应的内容来准备试验。因此,本书尽量做到通俗易懂、内容精炼;同时为有兴趣和能力的学生准备了足够的扩充知识,通过阅读可以更全面完整地理解材料力学理论知识。

本书在使用过程中不断得到修改和充实,取得很好的效果。在本书修订出版之际,向关心和支持材料力学试验教学改革的同行表示衷心的感谢。由于作者水平有限,书中难免存在疏漏和欠妥之处,希望读者提出宝贵意见。随着现代测试技术和测试手段的发展,以及材料力学课程教学改革的深入，会有更多新的内容出现在材料力学试验教学中，本书将不断地修改完善。

　　本书由内蒙古科技大学土木工程学院工程力学系方治华、顾永强、朱云合编。全书由方治华负责总体策划和统稿工作。衷心感谢内蒙古科技大学相关部门和领导的支持和帮助。同时，工程力学系全体教师也对本书的编写提出了宝贵的意见，在此一并表示感谢。

作者

2018 年 9 月

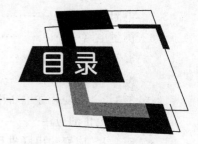

Contents

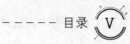

第1章

绪　　论

1.1　概述

在科学研究活动中,除了应用各学科领域的逻辑推理方法进行理论分析,科学试验也是一种重要的研究方法,即通过试验的手段研究自然科学和工程技术领域的内在运动变化规律。科学试验和理论研究是相辅相成的,自然科学的理论要靠试验来验证,新的现象和新的规律要靠试验来发现,工程设计和生产要靠试验来推动和完善;同样,只有借助于理论,试验设计才更能有的放矢,揭示主要矛盾。在设计试验时,可以通过突出某些影响因素,而忽略或消除其他影响因素,为研究复杂自然现象和工程问题提供条件。近代科学技术的发展无一不是把系统的观察和试验与严密的逻辑推理相结合获得的。因此,学习掌握科学试验的原则和方法是培养科学研究素养的重要方面,科学试验也是理解和掌握学科理论的重要手段。在力学领域,试验在力学学科的形成和发展中起到巨大的推动作用。无论是经典力学诞生前著名的伽利略的比萨斜塔自由落体试验,还是当今科技前沿的 C919 大飞机的风洞试验,都彰显出试验在力学研究和产品设计中的重要地位。

材料力学是研究构件在外力作用下应力、变形和破坏规律的课程。材料力学的任务是通过研究构件的强度、刚度和稳定性,为设计经济、安全的构件提供必要的理论基础和计算方法。要研究构件的强度、刚度和稳定性,就应了解构件所用材料在外力作用下表现出的变形和破坏等方面的规律,即材料的力学性能。而材料的力学性能必须通过试验测定。材料力学理论的形成建立在试验的基础上,通过观察材料在外荷载作用下表现出的变形和破坏规律,经过对材料和构件的理想化假设后,由逻辑推理得到的材料力学理论是否可信,也要由试验加以验证。从材料力学的发展历史来看,材料力学学科的创立与完善建立在大量的科学试验的基础上,关于材料应力应变线性关系的胡克定律就是在经过大量的弹簧试验后提出的。在传统的材料力学理论中,通常假定材料满足连续、均匀、各向同性假设,但实际材料往往具有多样性,使理论方法受到一定的局限,而此时试验研究成为更有效的方法。现代大量新材料在工程中的应用,也要以系统全面地了解其力学性能为基础。因此,材料力学试验在材料力学学科发展和教学中占有重要的地位。

材料力学试验是材料力学课的重要组成部分,其学时占总学时的 10% 左右。通过材料力学试验教学,可以学到测定材料力学性能试验的基本原理、基本技能和基本方法,验证材料力学的理论,更深刻地理解材料力学理论;了解试验应力分析的基本概念和方法,学会如何应用试验手段测定应力、应变,并进一步分析复杂受力情况下材料的力学行为;通过这一教学环节,可以系统培养试验能力和仪器操作技能,提高分析问题、解决实际问题的综合素质,以适应国家发展对工程技术人员的要求。

材料力学试验的测试原理和试验方法综合应用了应力分析理论、误差分析、数据处理、电学、光学等基础知识,涉及的知识面较广。材料力学试验的测试内容主要包括受力构件的应力和变形状态的测量,测量方法分为机械测试法、电测法和光测法三种。机械测试法是通过材料试验机加载测力,利用机械式引伸仪测量试样的变形,受力和变形都是通过机械方式放大和读取;电测法主要指电阻应变测试方法,是将构件上一点的变形转化为应变片的电阻改变,通过电学量的放大、处理、分析,得到应力和变形量;光测法是通过光学原理观察模型应力分布情况的方法。当仅需了解构件某一局部的应力情况时,比较适合用电测法;如需要了解构件的整体应力分布,则以光测法为宜。有时也结合使用几种方法,例如用光测法判定构件应力状况及危险截面位置,再用电测法测出危险截面的局部应力状况。随着科学技术的发展,新的试验手段和测试技术不断涌现,材料力学试验也会得到创新和发展。

材料力学试验包括以下具体内容和试验目的。

1. 材料的力学性能测定

材料的强度指标(如屈服极限、强度极限),弹性指标(如弹性模量、泊松比、弹性极限),塑性指标(如延伸率、断面收缩率等),是评价材料性能的主要依据,它们一般要通过试验来测定。材料的力学性能与试样形状、尺寸、表面加工状况、加载速度、试验环境温度等有关。为了具有可比性,国家标准对此作出了明确规定。同时,在该部分试验时,应用先进的电子万能试验机以及自动记录和分析数据的测试技术,可使学生了解目前材料力学性能测试仪器设备的最新发展,以适应科研、生产的需要,提高操作能力。这方面的试验包括低碳钢和铸铁的轴向拉伸试验、低碳钢和铸铁的轴向压缩试验、低碳钢和铸铁的扭转试验、材料的冲击试验等。

2. 验证理论

材料力学的理论是以假设为基础导出的,用试验验证这些理论的正确性和适用范围,可加深对理论的理解。要求学生学会用试验的方法寻求结论,掌握试验研究的基本方法和特点,能够正确分析试验误差及产生原因。这方面的试验有纯弯曲正应力测定试验、弯曲变形试验、压杆稳定试验等。

3. 试验应力分析

在复杂应力情况下,理论计算有一定困难,用试验直接测定构件的应力是一种非常有效的分析方法。通过试验掌握试验测试技术和数据处理方法,为独立进行复杂的试验设计和分析打下基础。这方面的试验有弯扭组合变形主应力测定试验、复杂受力杆件综合试验等。

4. 材料力学试验其他方法介绍

随着新材料的发展和材料应用场合的新变化,出现了许多应用传统材料力学理论无法解决的力学问题,试验也成为研究力学问题的主要手段。了解材料力学的其他试验方法对开阔学生视野很有帮助。这方面试验包括光弹性应力分析试验、材料疲劳极限测定试验等。

材料力学试验具有很强的实践性,在学习中要密切联系实际,积极思考,勤于动手。要树立良好的科学态度,严谨的工作作风,应分析试验数据处理结果的合理性,如果发现明显的不合理现象,应查找原因,进行改正。

1.2 材料的力学性能

材料的力学性能一般是指材料在外力作用下在强度、变形方面所表现出的性质,也称为材料的机械性能。力学性能是工程结构材料研究和应用中最关键的问题。首先,力学性能是工程结构设计中最重要的数据和理论依据,是选材、用材的基础;其次,力学性能是新材料能否投入工程应用的决定性因素;此外,力学性能也是进行机械结构失效分析的主要方面。

材料的力学性能与工作环境和荷载有密切的关系,因此材料的力学性能按工作环境温度分为低温、常温和高温力学性能,按加载速度分为静载和动载力学性能。

材料的力学性能与加载方式密切相关。根据荷载的作用方式,可分为静荷载和动荷载。所谓静荷载是指构件在使用时,荷载是缓慢平稳地施加到它上面,并且使用过程中不再改变。在试样上均匀缓慢地加载的试验称为静载试验,测出的力学性能就是静载力学性能。所谓动荷载是指所作用的荷载的大小或方向明显地随时间发生改变,包括冲击荷载和交变荷载等。在试样上作用的荷载是动荷载的试验称为动载试验,测出的力学性能称为动载力学性能。

材料(主要指金属材料)包含以下几种力学性能指标。

(1) 材料在静载拉伸和压缩时表现出的力学性能指标,包括反映材料线弹性范围的比例极限 σ_p,反映材料弹性范围的弹性极限 σ_e,反映材料发生塑性屈服的屈服极限 σ_s,反映材料所能承受的最大拉应力的抗拉强度极限和所能承受的最大压应力的抗压强度极限(统称强度极限 σ_b),反映材料抵抗弹性变形能力的弹性模量 E 和泊松比 μ,以及反映材料塑性变形能力的延伸率 δ 和截面收缩率 ψ。

(2) 材料在静载扭转时表现出的力学性能指标,包括反映材料剪切线弹性范围的剪切比例极限 τ_p,反映材料发生剪切塑性屈服的剪切屈服极限 τ_s,反映材料所能承受最大切应力的抗扭强度极限 τ_b,反映材料抵抗剪切弹性变形能力的剪切弹性模量 G 等。

(3) 其他力学性能指标包括表征材料抗冲击能力的力学性能指标冲击韧性 a_k,表征材料抗断裂能力的力学性能指标断裂韧性 K_{Ic},表征材料在交变应力作用下疲劳强度的力学

性能指标持久极限 σ_r 等。

对于材料力学性能的测定,国家有专门的标准规定了测试力学性能所用试样的形状、尺寸,取样的部位,表面加工状况,测试所用仪器,测试的过程步骤,数据的处理等,如《钢及钢产品 力学性能试验取样位置和试样制备》(GB/T 2975—1998)、《金属材料 拉伸试验 第一部分:室温试验方法》(GB/T 228—2010)、《金属材料 室温压缩试验方法》(GB/T 7314—2005)等,要严格按照标准化的程序进行测试。

1.3 误差分析与数据处理

在试验过程中,要进行大量的数据测量和处理工作。测量就是借助仪器把待测量物理量的大小用某种计量单位表示出来。用仪器设备与待测量物理量进行比较,得出测量结果称为直接测量,由几个直接测量按一定函数关系计算出的待测量称为间接测量。因此,测量包括对各种量的检测和对测量数据的处理两个过程。试验前,要对测量对象进行分析,确定试验方法,选择具有适当精度的测量仪器;试验后,要对测得的数据进行归纳整理,最后用一定的方式表达出来。

在一定的条件下,每个量都是客观存在的数值,称为真值。测量的目的就是要获得待测量的真值。但是在测量过程中,由于各种客观因素和主观方法的影响,测出的结果总与真值有一定差值,这种差值称为误差。

测量误差是试验时必然遇到的问题,在测量过程中只可以减少误差,而不会消灭误差。研究误差产生的原因和规律,可以更有效地在试验中减少误差,提高测量精度。下面具体介绍误差的一些基本知识和数据处理方法。

1.3.1 误差及误差分析

1. 误差的表示方法

测量误差通常用绝对误差和相对误差表示。绝对误差是指测量值与待测量真值之间的差值,简称误差。

$$绝对误差 = 测量值 - 真值 \tag{1-1}$$

真值是理想的概念,一般不可能确切地知道,因此在实际计量中引入约定真值来代替真值,如国际计量大会决定的长度单位、质量单位、时间单位等。有时也把高一级精度的标准量具的示值作为约定真值。

相对误差是指绝对误差与被测量的真值的比值,因为测量值与真值接近,也常近似用绝对误差与测量值的比值作为相对误差。

$$相对误差 = \frac{绝对误差}{真值} \approx \frac{绝对误差}{测量值} \tag{1-2}$$

相对误差通常用百分数(%)表示。误差可能是正值,也可能是负值。

2. 误差的分类和产生原因

按照误差的特点和性质,误差可分为系统误差、随机误差和过失误差三类。

在同一条件下多次测量同一量时,如果误差数值的大小和正、负号保持不变,或按一定规律变化,这种误差称为系统误差。系统误差产生的原因通常包括仪器本身构造上的不完善或未经校准产生的仪器误差;测量方法或试验条件达不到理论要求而产生的方法误差;外界环境(如光照、温度、湿度、电磁场等)对试验的影响而产生的环境误差;观测者个人引起的误差。要消除系统误差,必须找到造成误差的原因,并改进测量方法,仅凭增加试验次数是不能减少或消除系统误差的。

在试验中,由于观察者感官灵敏度和仪器精度有限、周围环境的干扰等偶然因素引起的不可预测的误差称为随机误差或偶然误差。随机误差不能像系统误差那样找出原因加以消除,但随机误差具有统计规律性,在一定条件下,可用增加测量次数的方法减少误差,提高测量精度。

由于操作者操作不规范、试验记录不认真等人为过失造成的测量误差称为过失误差或粗大误差。这种误差数值较大,明显歪曲了测量结果。只要在试验过程中操作者责任心强、注意力集中,就可避免过失误差。同时,在处理数据时,要注意发现并剔除有过失误差的试验数据,从而获得正确的结果。

3. 有效数字及运算法则

测量结果都存在误差,在表达测量结果时,就要考虑用多少位数字表示测量结果。通常用测量结果中可靠的几位数字(计量工具或仪表有刻度或显示的数字)加上一位估计的数字表示测量结果,称为有效数字。一个数值有效数字的多少,往往反映所用仪器的精度和测量方法等具体情况。为了反映数值的精度,在测量和记录数据时,应读完整仪器所能反映的有效数字,即使后面的数是 0。

在数字计算时,可能有很多参加运算的量,各量的有效数字也可能不同。为了保证运算的精度,又减少运算量,应遵循一定的运算规则。

对于加、减运算,要求以参与运算的各数中有效数字的最后一位所在位数最高的数为准,其他各数保留到它下面一位进行运算,最后用四舍六入五考虑的方法与该位取齐。如有效数字后第一位数为5,且5以后非零,则进1;5以后皆为0,且有效数字的末位为偶数,则舍去;若5以后皆为0,且有效数字的末位为奇数,则进1。例如,测量的三个力分别为235.4N、10.367N、891N,求三力之和时,由于三力中891N的最后一位的位数是个位,最高误差在个位,所以其他两数保留到小数点后一位,即235.4和10.4,相加得1136.8,最后应取1137N。

对于乘、除运算,要求以参与的数中有效数字位数最少的一个为准,其他各数保留到比该数的有效数字多一位来进行运算,最后结果取到与该数的位数相同。如计算 $x = AB/C$,而 $A = 42.5, B = 4.167, C = 0.026$。由于 C 的有效位数只有两位,为最少,故其他两数取三位进行运算,即

$$x = \frac{42.5 \times 4.17}{0.026} = 6.8 \times 10^3$$

对于乘方、开方运算,要求最后结果与底数的有效数字位数相同,如 $(3.285)^2 = 10.79$,$\sqrt{3.285} = 1.812$。

1.3.2　试验数据的处理方法

在试验过程中和试验完成后,对试验数据的记录、整理和分析是必不可少的工作。通过对试验数据的记录和整理,可以科学地概括测量工作的情况。对试验数据进行全面分析,可以找出所研究问题的规律或结果。应如实记录试验过程中的一切必要数据,为寻找规律提供一手资料。

整理数据是试验研究的一项基本技能,一定要养成细致、严谨的工作作风。试验的目的往往是找出两个量或多个量之间的关系,为了直观地表示这些量之间的关系,常用公式或图表等方式进行表达。具体的数据处理方法有列表法、图示法等。

列表法就是在记录和处理数据时,把数据列成表格。这种记录方法能把测量数据集中展现出来,清楚地反映出有关量的对应关系,便于检查测量结果是否合理,在试验时及时发现问题,也便于及时分析得出结论。

图示法就是把试验测量值按对应关系在坐标纸上描绘出一条光滑的曲线,以清楚地揭示各量之间的相互关系。作图是处理数据常用的基本方法之一,可以把测得的数据结果直观地表达出来,因为图线是依据许多数据点作出的光滑曲线,相当于多次测量后取平均值,所以对测量的数据有修正作用。

除上述两种数据处理方法外,还有其他处理方法,如平均法、最小二乘法等,需要时可以参阅其他书籍。

1.4　材料力学试验课要求

材料力学试验课是非常重要的实践性教学环节。通过试验课,要使学生学会基本的力学量的测量方法,初步掌握试验研究的特点和方法。因此,在材料力学试验中,学生应主动、自觉、创造性地学习和思考,要通过试验去探索研究问题,而不应被动地完成试验。在试验时,要注意观察试验现象,认真细致地记录试验数据。课后认真书写试验报告。

由于材料力学试验具有仪器设备精密贵重,试验试样消耗多、成本高,试验需多人配合操作,试验操作具有一定危险性以及无法自学完成等特点,对参加试验的学生提出如下要求。

(1) 参加试验课的学生必须严格遵守试验守则和试验机操作规程,自觉按照试验分组按时进入试验室上课,否则容易造成设备损坏。不得随意缺课,对无故缺课者,不允许补做,并将该试验成绩记为零分。

(2) 课前要认真预习试验教材,学习相关的试验理论和仪器设备的原理操作方法,并完成预习报告。

(3) 完成试验后,如数据有误,应查找原因并重新测试。指导教师应严格把关,并在试验结束后在试验报告上给出试验操作成绩。

(4) 试验成绩由预习报告、试验操作成绩、试验报告和试验纪律等综合评定。如缺前三项之一者,则该试验成绩评为不及格。

第2章

材料力学试验主要设备

2.1 电子式万能材料试验机

万能材料试验机是测定材料力学性能的主要设备,主要用于金属、非金属的拉伸、压缩、弯曲、剪切等力学性能的测定试验。万能材料试验机有机械式、液压式和电子式,电子式万能材料试验机是综合了电测技术、计算机技术、数字控制技术的新型万能材料试验机,是目前主流的材料力学性能测量设备。

电子式万能材料试验机是新一代材料试验机,具有加载平稳、精密,可自动控制、自动测量、自动处理数据的特点。它由主机、驱动系统和控制与数据处理系统组成,主机包括机体和各种辅具;驱动系统包括交流伺服机构、电机、减速器等;控制与数据处理系统包括力、变形、位移传感器以及测量放大器、PC机等。WDW-200电子式万能材料试验机的结构简图如图2-1所示。

2-1 液压式万能
材料试验机

2-2 电子式万能
材料试验机

2.1.1 工作原理

1. 主机部分

试验机主机部分是由4根导向立柱、上横梁、工作台组成的门式框架。PC机给驱动系统发出指令,启动交流伺服机构、减速器、电机,使其通过滚球丝杠驱动工作台,并带动拉伸(或压缩、弯曲)辅具上下移动,从而实现试样的加载。

2. 信号测量与传递

试验荷载通过与辅具上部连为一体的负荷传感器进行测量,试样变形量通过夹在试样

图 2-1　WDW-200 电子式万能材料试验机

上的引伸仪测量，横梁位移量通过与丝杠同步转动的光电编码器测量。三路信号经插在 PC 机箱内扩展槽上的程控放大器放大后传给 PC 机，实现试验数据的采集、标度变换、处理和屏幕显示。根据试验要求，控制系统运算后得到控制信号，经 I/O 板传递给调速系统，再经调速系统放大后驱动伺服电机，按控制系统确定的控制目标运行至完成试验。

3. 数据处理

PC 机系统采集的数据一方面进行屏幕显示，另一方面保存在计算机内存中。试验完成后，用户可以进行数据处理，并打印、记录处理结果，也可以以 ASCⅡ 文件的形式保存在硬盘中，以便于以后对数据进行再分析。

2.1.2　操作步骤

下面以拉伸试验为例介绍操作步骤。

（1）打开计算机与显示器，单击"WinWdw"图标进入测试系统，单击"试验操作"显示试验主界面；将动力箱"电源开关"向上扳起；按下主机"启动"按钮（绿灯亮），预热 30min。

（2）速度挡位选择按钮中单击"200mm/min"或"500mm/min"，按住主机"上升"按钮调整上夹头位置，将试样装入其中并夹紧。选同样的速度按住"下降"按钮使试样落入下夹头，如用引伸仪，将其装在试样上。

（3）在试验主界面的负荷及变形显示窗口按 ↑ 或 ↓ 按钮进行负荷变形各挡调零。调零后，将下夹头夹紧。

（4）单击"新建试样"按钮，进入试样信息输入窗口。输入试样信息后，单击"新建试样"，并确定。

（5）在控制面板上选"位移控制"，并确定加载速度（一般开始为 $1\sim2\mathrm{mm/min}$）。单击"开始"按钮，试验开始。注意，在试验过程中，不要进行无关的操纵，以免给机器运行造成影响。如有异常，应立即单击"停止"按钮终止试验。如用引伸仪，等有红色取引伸仪提示（材料过屈服后）时，将其取下。

（6）试样断裂后，试验机自动停止。

（7）根据需要和界面提示保存试验数据，进行数据分析，打印试验报告。

2.2　变形与位移测量仪器

在材料力学试验时，除了需测量试样或构件承受的外荷载，还经常需测量它们的位移或变形。常用的测量变形和位移的仪器有引伸仪和千分表等。下面分别介绍它们的构造和使用方法。

2.2.1　引伸仪

引伸仪是测量拉伸或压缩试样变形的仪器。按照被测量变形的形式可分为纵向引伸仪和横向引伸仪；按照测量变形的方法可分为机械式引伸仪和电子引伸仪。

引伸仪上固定刀刃和活动刀刃的距离称为标距 l，引伸仪测出的是标距内的长度改变量 Δl，由此算出的应变 $\varepsilon=\dfrac{\Delta l}{l}$ 为在标距内的平均应变。引伸仪上的读数 ΔA 是经放大系统放大后的数值，ΔA 除以引伸仪放大倍数 K 才是变形 Δl，即

$$\Delta l=\frac{\Delta A}{K} \tag{2-1}$$

引伸仪能测量的最大范围称为量程。量程、标距和放大倍数是引伸仪的主要参数。

2-3　机械式引伸仪

1. 杠杆式引伸仪

1）构造原理

这是一种机械式引伸仪，标距为 20mm 或 10mm，放大倍数为 $900\sim1300$，量程为 $0.10\sim0.25\mathrm{mm}$，其构造如图 2-2 所示。固定刀刃与主体固连，它与活动刀刃的距离是仪器的标距 l。使用时，把两刀刃接触到试样上，试样变形带动活动刀刃绕其上端支点（V形槽）转动，活动刀刃与杠杆为一个整体，它们一起转动，同时带动 T 形连杆，并推动指针绕支轴转动。经过两次杠杆放大，$h_2:h_1$ 和 $h_4:h_3$，最终放大倍数可达 1000 倍，指针可以在标尺上给出清楚的读数 ΔA（格）。

108 型杠杆式引伸仪标距 20mm，放大倍数 $K=1000$，故实际伸长为

$$\Delta l=\Delta A\times10^{-3}\mathrm{mm} \tag{2-2}$$

使用时，利用卡具将引伸仪在试样上夹紧。卡具的夹紧力要适当，过松时仪表易滑动或脱落，过紧时容易使卡具和刀刃等受到损伤，使活动刀刃转动不灵，增加误差。

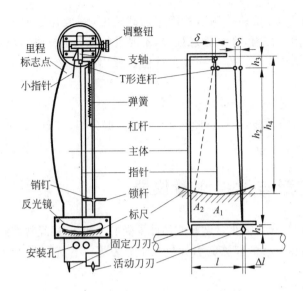

图 2-2　杠杆式引伸仪构造原理图

不使用仪器时，为了避免各个杠杆支承间的磨损，一定要用锁杆卡住杠杆上的销钉，将仪器锁住。

2-4　引伸仪的安装

2）操作步骤

（1）首先了解仪器的性能参数——标距、放大倍数和量程。

（2）将仪器安装到试样上。安装时，应先使固定刀刃与试样接触，然后使活动刀刃接触，最后旋转螺丝顶杠将其卡紧。两刀刃应位于欲测变形的方向线上，并保持一定的卡紧力。杠杆式引伸仪安装示意图如图 2-3 所示。

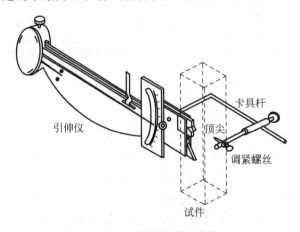

图 2-3　引伸仪安装示意图

（3）检查仪器是否安装正确。首先检查刀刃是否与试样全面接触；然后检查夹紧螺丝与试样的接触点是否与两刀口在同一平面内，如不在同一平面内，应重新安装。安装情况对测量精度的影响很大，应特别注意。

（4）放开杠杆闸，使杠杆能自由活动。然后转动调整钮，使指针指在预定位置。测量拉伸变形时，将指针调到"0"刻度上；测量压缩变形时，将指针调到"50"上。在调指针时，应首先将指针偏离到刻度范围外,再徐徐退回至预定位置,以消除仪表构造上的间隙可能造成的误差。

（5）读变形值。在读变形值时,应注意调整视线方向,使看到的指针与它在反光镜中的像重合,否则会产生视差。

（6）测试完毕,先关住锁杆,然后松开螺丝顶杆将仪器卸下;再用调整螺丝将指针调到标尺中间,然后放入仪器盒中。

3）注意事项

安装和使用仪器时,应轻拿轻放,只能拿仪器的结实部位。不要用手触摸刀刃、弹簧、杠杆和指针等,以防生锈而影响精度。安装时,卡紧力要适当,防止仪器脱落。还应注意测量范围不要超过仪器的量程。

2-5　电子引伸仪

2. 电子引伸仪

电子引伸仪是利用电阻应变原理配合电阻应变仪测量试样变形的仪器。它安装使用方便,测量精度高,便于显示和连续记录试验过程。

电子引伸仪的原理如图 2-4 所示。其基本构造是一个悬臂式（图 2-4（a））或半环式（图 2-4（b））弹性元件,上面贴着电阻应变片。弹性元件一般由比例极限极高的金属材料制成。图 2-5 所示为 YYU2550 型电子引伸仪。

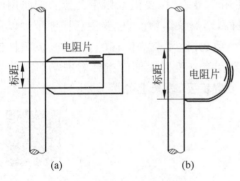

图 2-4　电子引伸仪原理简图
(a) 悬臂式；(b) 半环式

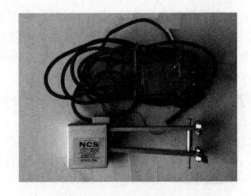

图 2-5　YYU2550 型电子引伸仪

安装时,用橡皮筋将电子引伸仪固定在试样上,两个刀刃沿所测应变方向,刀刃之间的距离即为标距。当试样伸长或缩短时,刀刃与试样相随产生位移,悬臂梁产生弯曲变形。粘贴在敏感部位的电阻应变片就会感受到弹性应变,并把应变转换为电量变化进行测量和记录。电子引伸仪的电测原理参见第 3 章有关内容。

使用电子引伸仪时,应注意其规定的测量范围,严禁超量程使用,以免出现非线性输出,影响测量精度或损坏仪器。各种引伸仪都有规定标距,装卡时一定要保证准确,以保证测量精度。

2.2.2　千分表及百分表

千分表和百分表是利用齿轮放大原理制成的用于测量线位移的仪器,其构造如图 2-6所示。使用时,先将千分表外壳固定好,将顶杆顶尖顶在被测物体上,借助弹簧的作用,使顶尖与物体紧密接触。当物体变形时，接触点会产生位移，顶杆会随之上下移动。顶杆上的齿条便推动小齿轮和与它一体的大齿轮共同转动，大齿轮带动指针齿轮和大指针旋转。经过这一系列的传动和放大，表盘上便显示出了位移的大小。若表盘上每一小格代表顶尖的位移是 $\frac{1}{1000}$ mm，则放大倍数是 1000，称为千分表；若表盘上每一小格代表顶尖的位移是 $\frac{1}{1000}$ mm，则放大倍数是 100，称为百分表。

2-6 百分表

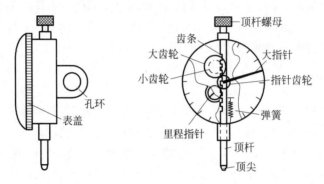

图 2-6 千分表构造

为了保证测量精度，并保护仪器，在安装和使用千分表时，要注意以下几点：①使用时应拿取外壳，不得随意推动顶杆，避免磨损精密机件，影响仪器精度，也要注意保护顶尖以免划伤；②顶杆安装方向要与被测物体位移的方向一致，并注意被测位移的大小，调节顶杆使千分表有适宜的测量范围；③测量开始前，可旋转表盖或顶杆螺母使指针对准"0"点，位移较大时不要忘记读取小指针读数；④千分表架要放置稳妥，表架上各螺母要拧紧。

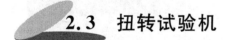

2.3 扭转试验机

2-7 扭转试验机

扭转试验机用于测定金属、非金属试样受扭转时的力学性能。它是通过对试样施加扭转外力偶矩，测量试样受扭后变形和破坏过程及性能指标的设备。NJ-100B 型微机控制扭转试验机外形如图 2-7 所示，它具有加载平稳、精密，可自动控制、自动测量、自动处理数据的特点；可测扭矩和扭角值，全部试验操作可在试验机上通过试验软件完成；可实现试验数据的自动采集、存储和处理，试验结果可由打印机输出。

2.3.1 原理简介

NJ-100B 型微机控制扭转试验机由机械、电器两大部分组成，工作台中间位置为工件扭转空间，有旋转夹具（图 2-7（a））和固定夹具（图 2-7（b））两部分，用于装夹试样。机器采用电动加载，左边夹头与电机连接，右边夹头可以左右移动，方便装夹不同长度的试样；扭转加载时，全数字交流伺服电机通过精密行星齿轮减速器带动夹具旋转对试件进行加载，实现对试件的扭转试验。

试验机主机操作罩板上安装有电源开关、电源指示灯及红色紧急停机等开关按钮，在试

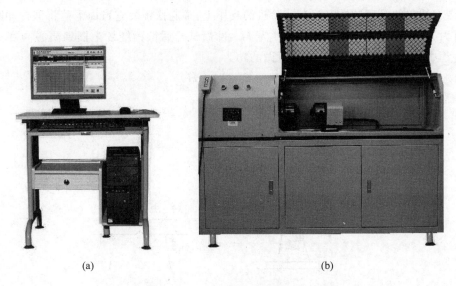

(a)　　　　　　　　　　　(b)

图 2-7　NJ-100B 型微机控制扭转试验机

验过程中,可以通过控制器手动实现左旋和右旋的操作。如果试验机在运行过程中有异常现象或出现紧急情况,应立即按下紧急停机按钮,机器停止运转。

2.3.2　试验机操作方法

试验机的操作方法如下。

(1)打开计算机进入操作界面,选择一种控制模式,并确定控制速度。对于简单试验,可以选择单一控制模式,如转角或扭矩控制;如果是复合控制,可通过编程实现控制。

(2)选择记录曲线类型。

(3)输入试件信息。

(4)扭矩、扭角显示板清零。

(5)试验操作。①安装试件。把试件放入左夹具中,先夹紧左夹头,调节固定夹具位置使试件另一端进入右夹具,并夹紧右夹头。②按下操作板上的"开始"按钮,试验开始。

(6)试验结束。在下面几种情况下,系统将停机:①人工干预,按下"停止"按钮;②负荷过载保护,负荷超过过载保护上限;③系统判断试件破坏。

(7)保存结果。试验结束后,程序会自动保存试验曲线,并对数据进行自动分析。

2.4　冲击试验机

2-8　冲击试验机

冲击试验机是用来检测金属材料在冲击负荷下力学性能的设备,也是科研单位进行新材料研究不可缺少的测试设备。冲击试验机一般采用摆锤冲击方式进行试验,这种试验机由摆锤、机身、支座、度盘、指针等组成,如图 2-8 所示。试验时,将带有缺口的受弯试样安放在试验机的支座上,举起摆锤使它自由下落将试样冲断。若摆锤重力为 Q,冲击前摆锤的质心高度为 H_0,冲断试样后摆锤继续上摆到质心高度 H_1,则冲击过程中势能的改变即冲断试样所做的功为

$$W = Q(H_0 - H_1) \tag{2-3}$$

此即为冲击中试样所吸收的功。

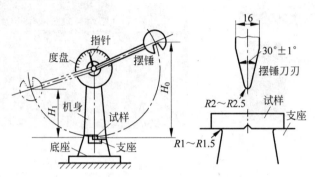

图 2-8   冲击试验机构造图

因为试样缺口处高度应力集中,式(2-3)中 W 的绝大部分被缺口吸收。以试样在缺口处的最小横截面积 A 除 W,定义为材料的冲击韧性 a_k,即

$$a_k = \frac{W}{A} \tag{2-4}$$

a_k 的单位为 J/cm^2。a_k 值越大,表明材料的抗冲击性能越好。

CBD300 型电子式摆锤冲击试验机的外形和控制面板如图 2-9 所示。它采用 PC 微机控制,可自动进行扬摆、限位锁锤、冲击、放摆,自动采集、存储、处理试验数据,并通过微型机打印试验结果。现结合图 2-9(b)介绍其使用方法。

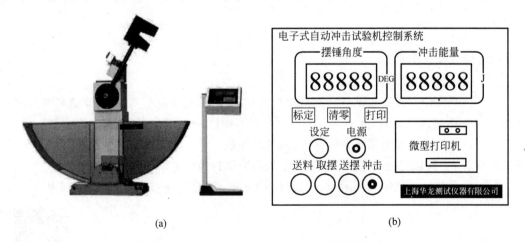

(a)   (b)

图 2-9   CBD300 型电子式摆锤冲击试验机

（1）打开控制面板后侧电源总开关,此时"冲击能量"和"摆锤角度"均显示"00000",按下控制面板上电源按钮,PC 微机控制器开始工作。

（2）按下控制面板上"取摆"按钮,该按钮指示灯亮,同时摆锤以逆时针方向抬起,一直

到右上方碰触限位开关后摆锤停止上升,并由挡板锁定摆锤,此时"摆锤角度"显示"150",摆锤处于待冲击状态。

(3) 先不放试样,测量空载时机器自身损耗的能量。按下"冲击"按钮,挡板锁收回,摆锤自由下落,完成冲击后,摆锤自动逆时针方向扬摆到待冲击状态。此时"冲击能量"显示出机器自身损耗的能量。

(4) 正式试验时,将冲击试样正确放入试验机支座。

(5) 按下"冲击"按钮,摆锤自由下落对试样进行冲击。"冲击能量"显示出本次试验的冲击能量,试样的冲击能量等于本次试验的冲击能量减去机器自身损耗的能量。

(6) 试验结束后,按下"送摆"按钮,摆锤顺时针方向断续运行回到底座中心处。应注意以下几点。①冲击试验机在摆锤运行中的能量很大,所以试验时应注意安全,身体各部位都不得处在试验机防护网内。②在摆放试样时防止摆锤意外下落,应该将专用插销棒插入摆锤杆下方的插销孔中,以防摆锤意外下落。试样放好后,一定先取出插销棒,方可进行冲击试验。③严格执行试验操作步骤,否则会造成机器故障。

2.5 材料力学综合试验装置

材料力学综合试验装置是进行材料力学应力应变分析试验的一种多功能组合体,一般能完成几种到十几种的基础型、综合型和研究型试验项目。XL3418S 多功能材料力学试验装置适用于高校材料力学试验课程设计。该装置内容覆盖高校材料力学试验课程,紧扣高校教学试验主题。积木式组合设计思想,台式结构,体积小,使用方便。整机结构紧凑,外形美观,采用蜗轮蜗杆手轮加载机构,传感器测力,加载稳定,操作省力,试验效果好。XL3418S 多功能材料力学试验装置外形如图 2-10 所示。

图 2-10 XL3418S 多功能材料力学试验装置

2.5.1 综合试验装置技术指标

试验台承载荷载：≥10kN。

加载机构作用行程：60mm。

加载砝码：10N/个（4 个）。

荷载传感器：5kN。

手轮加载转矩：0～2.6N·m。

加载速度：0.12mm/r(手轮)。

本机质量：约 35kg。

外形尺寸(mm)：680(长)×360(宽)×600(高)。

2.5.2 综合试验装置试验内容

1. 纯弯曲梁正应力试验

图 2-11 为 XL3418S 多功能材料力学试验装置在进行纯弯曲梁正应力试验时的安装图。截面为矩形的铝合金梁安装在左、右两铰支座上，旋转加力手轮由加载丝杠产生一个向下的拉力，拉力通过测力传感器作用到分力梁上，分力梁将力由两吊环作用在铝合金梁上，如果左、右两力的作用点分别与左、右两铰支座的距离相等，那么两力的作用点之间为纯弯曲变形。在纯弯曲变形段沿横截面的高度方向每隔 $\frac{h}{4}$ 粘贴平行于轴线的 5 枚测量应变片，加力后通过电阻应变仪测出 5 个点处的应变，由于是单向拉压变形，由胡克定律 $\sigma = E\varepsilon$ 即可算出各点的应力值。

荷载的大小由测力传感器测量，在电阻应变仪的力值窗口显示。

图 2-11　纯弯曲梁正应力试验装置

2. 空心圆管受弯扭组合力主应力测定试验

图 2-12 为 XL3418S 多功能材料力学试验装置在进行空心圆管受弯扭组合试验时的安装图。

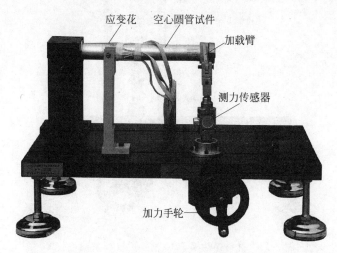

图 2-12 空心圆管受弯扭组合试验装置

铝合金空心圆管试件左端安装在固定托架中,右端为自由端。旋转加力手轮由加载丝杠产生一向下的拉力,拉力通过测力传感器作用到加力臂上,加力臂使空心圆管试件自由端同时受到集中力(产生弯曲变形)和集中力偶(产生扭转变形)的作用,如此空心圆管试件产生弯扭组合变形。在空心圆管试件某截面的上、下、左、右四点处粘贴了应变花,加力后通过电阻应变仪测出多个方向的应变,根据应力应变关系计算出测点主应力的大小和方向。

3. 材料弹性模量 E、泊松比 μ 的测定

图 2-13 为 XL3418S 多功能材料力学试验装置在进行材料弹性模量 E、泊松比 μ 测量试验时的安装图。

同轴拉伸试件上端通过铰链与框架上横梁相连,下端通过铰链与测力传感器相连。旋转加力手轮由加载丝杠产生一向下的拉力,拉力通过测力传感器作用到同轴拉伸试件上,试件发生拉伸变形。在试件两侧粘贴纵向和横向应变片,加力后通过电阻应变仪测出纵向和横向应变,根据试件尺寸计算出弹性模量 E、泊松比 μ。

4. 偏心拉伸内力素测定试验

图 2-14 为 XL3418S 多功能材料力学试验装置在进行偏心拉伸内力素测定试验时的安装图。

采用低碳钢矩形截面的偏心拉伸试件,试件上端通过铰链与框架上横梁相连,下端通过铰链与测力传感器相连。旋转加力手轮由加载丝杠产生一向下的拉力,拉力通过测力传感器作用到偏心拉伸试件上,试件发生拉伸与弯曲组合变形。在试件两侧窄平面中央位置上,沿前、后两面的轴线方向对称地贴一对轴向应变片,加力后可测量试件受到轴向拉伸时产生的应变以及受到弯矩时产生的应变。由测量应变可计算出轴向力和弯矩产生的应力以及偏心距 e。

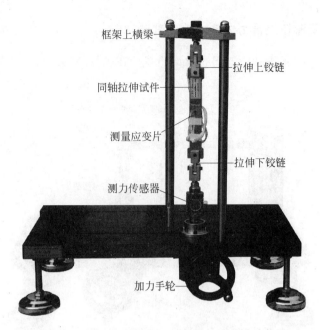

图 2-13　材料弹性模量 E、泊松比 μ 测量试验装置

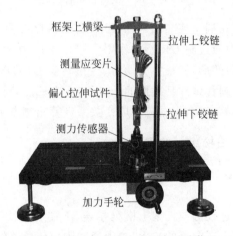

图 2-14　偏心拉伸内力素测定试验装置

5. 空心圆管受弯扭组合力内力素测定试验

空心圆管受弯扭组合力内力素测定试验装置和工作原理与空心圆管受弯扭组合力主应力测定试验相同，试验通过粘贴在空心圆管试件某截面的上、下、左、右四点处的应变花测出不同方向的应变，通过计算得到弯矩、扭矩或剪力等内力素。

6. 等强度梁弯曲正应力试验

图 2-15 为 XL3418S 多功能材料力学试验装置在进行等强度梁试验时的安装图。等强度梁试件使用变截面矩形试验梁，即梁的截面面积随测试点的位置进行比例变化。等强度梁左边为固定端，右边为自由端，加载砝码通过托盘吊钩将荷载作用在等强度梁右边的自由

端。受力后,等强度梁试件不同截面产生的应力一致,即实现试验梁的等应力。在梁的上、下表面粘贴多枚应变片,可通过电阻应变仪测应变,从而计算出应力值。

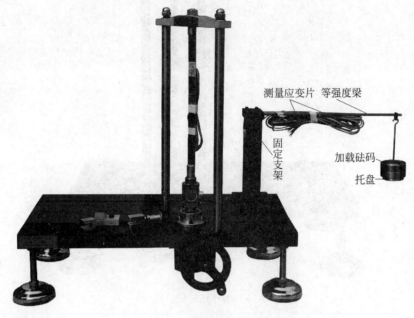

测量应变片 等强度梁

固定支架

加载砝码

托盘

图 2-15 等强度梁试验装置

7. 电桥应用试验

电桥应用试验可采用与等强度梁弯曲正应力试验一样的试验台,试验时粘贴在梁的上、下表面的多枚应变片,可以按照应用要求连接成多种接桥方式进行练习测量。

8. 压杆稳定试验

图 2-16 为 XL3418S 多功能材料力学试验装置在进行压杆稳定试验时的安装图。压杆试件安装在上、下铰支座之间,试件中段的截面左、右各贴一枚应变片,两枚应变片与应变仪的测量电桥按照要求进行连接。试验时旋转加力手轮由加载丝杠产生一向上的压力,压力通过测力传感器作用到压杆试件上,当力很小时,试件承受简单压缩。当力逐渐增加到某一数值时,压杆将丧失稳定而发生弯曲变形。

试验时,利用试件截面左、右两枚应变片检测试件变形情况,当荷载接近临界力时,应变会急剧增加。

2.5.3 可选配试验项目

可选配以下试验项目。

(1) 应变片粘贴试验;

(2) 电阻应变片灵敏系数的标定试验;

(3) 应变片横向效应系数测定试验;

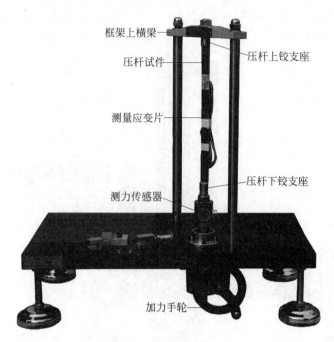

框架上横梁

压杆试件

压杆上铰支座

测量应变片

压杆下铰支座

测力传感器

加力手轮

图 2-16　压杆稳定试验装置

（4）夹层梁弯曲正应力测定试验；

（5）叠梁三点弯曲正应力测定试验；

（6）组合梁弯曲正应力试验；

（7）三点弯曲梁的挠度和转角测定试验；

（8）三点弯曲梁位移互等定理验证试验；

（9）悬臂梁弯曲位移互等定理验证试验；

（10）悬臂超静定梁铰支点支反力测定试验。

第3章

电测应力分析原理和设备

3.1 概述

电测应力分析方法(简称电测法)是测量材料应力最重要的方法之一。它不仅用于测量材料的力学性能,而且作为一种重要的试验手段,为解决工程实际问题及从事研究工作提供了良好的试验基础。因此,掌握这种电测试验的基本原理和方法可增强解决实际问题的能力。

电测法是将物理量、力学量(如应变)等非电量通过敏感元件转化为电量进行测量的一种试验方法。敏感元件称为电阻应变片,贴在被测构件的表面上,将被测构件的应变转化为电信号。测量应变的仪器称为电阻应变仪,应变仪将代表应变的电信号经过放大等一系列处理后再还原为应变。

电测法因具有以下优点而得到广泛应用。

(1) 测量灵敏度和精度高,其最小应变读数可为 1 个微应变($\mu\varepsilon$,1 个微应变=10^{-6}应变),在常温测量静态应变时,精度一般可达到 1‰~2‰。

(2) 测量范围广,可测范围为 1~20 000$\mu\varepsilon$。

(3) 频率响应好,可以测量从静态到数十万赫兹的动态应变。

(4) 应变片尺寸小,最小的应变片栅长可达 0.178mm,可以进行应力梯度较大的应变测量,且质量轻、安装方便,不会影响构件的应力状态。

(5) 由于在测量过程中输出的是电信号,因此易于实现数字化、自动化及无线电遥测。

(6) 可在高温、低温、高速旋转及强磁场等环境中进行测量。

(7) 可制成各种传感器,测量力、位移、加速度等物理量。

(8) 适用于工程现场的应用。

3.2 电阻应变片

3-1 电阻应变片

金属电阻丝在发生拉伸或压缩变形时,其电阻将发生变化。试验结果表明,在一定应变范围内,电阻丝的电阻改变率$\frac{\Delta R}{R}$与应变$\varepsilon = \frac{\Delta l}{l}$成正比,即

$$\frac{\Delta R}{R} = K\varepsilon \qquad (3-1)$$

式中,K为比例常数,称为灵敏系数。

如将电阻丝粘贴在构件表面上,使它随构件一同变形,则可测出粘贴电阻丝处构件表面的应变。但由于变形量很小,电阻改变量ΔR也很小。为了提高测量精度,应增加电阻丝的长度,同时要求能反映一"点"处的应变,因此把电阻丝往复绕成栅状(图3-1),这就是电阻应变片。其特性同式(3-1),电阻应变片一般由专业厂家制造,灵敏系数K的数值也由制造厂测定,并在产品上标明。

常用的电阻应变片分为丝式电阻应变片和箔式电阻应变片两类。图3-1所示结构为丝式应变片,它是用直径为$0.02\sim0.05$mm的康铜丝或镍铬丝绕成栅状(称为敏感栅),基底和覆盖层用绝缘薄纸或胶膜制成。这种电阻应变片难以制作得很小,但价格便宜。

箔式应变片(图3-2)用厚为$0.003\sim0.005$mm的康铜或镍铬箔片,利用光刻技术腐蚀成栅状,涂以底层和覆盖层,焊上引出线制成。这种应变片尺寸精确,可制成各种形状,且散热面积大,可通过较大电流,基底有良好的化学稳定性和绝缘性,适宜于长期测量和高液压下测量。

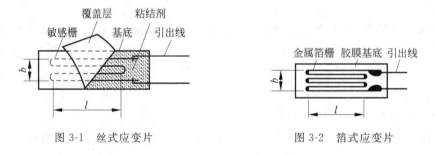

图 3-1　丝式应变片　　　　图 3-2　箔式应变片

此外,还有其他类型的应变片,如以半导体为敏感栅的半导体应变片(其灵敏系数高,可作为高灵敏度传感器的敏感元件)、用于高温测量的高温应变片和用于测量残余应力的残余应力应变片等。

应变片的基本参数有栅长l、栅宽b、灵敏系数K和电阻值R。

粘贴应变片是电测法的一个重要环节,它直接影响测量的精度。粘贴时,要保证被测构件表面的清洁平整,无油污、无锈;粘贴部位准确;选用专用的粘结剂。下面具体介绍电阻应变片粘贴步骤。

(1)打磨:测量部位的表面经细砂纸打磨后,应平整光滑无锈点。

(2)画线:在测点精确地用钢针画好十字交叉线以便定位。

（3）清洗：用丙酮或无水酒精清洗测点表面，保持清洁干净。

（4）粘贴：在电阻应变片背面均匀地涂一层粘结剂，胶层厚度适中，然后对准十字交叉线粘贴在待测部位。粘结剂有 502 快干胶等，再用同样的方法粘贴引线端子。

（5）焊线：将电阻应变片的两根引出线焊在引线端子上，引线端子上再焊出两根导线。

3.3　测量电路

电阻应变片的电阻改变量及对应的应变值的测量，是通过将电阻应变片接入电阻应变仪的电路，将应变量转换为电量，最后将电量还原成应变量。

3.3.1　应变电桥

电阻应变片随构件变形而产生的电阻变化量 ΔR 通常用四臂电桥（惠斯顿电桥）来测量，其原理如下。

图 3-3 所示电桥的四个桥臂 AB、BC、CD、DA 的电阻分别为 R_1、R_2、R_3、R_4。在节点 A、C 上接入电压为 E 的直流电源后，另两节点 B、D 为电桥输出端，输出电压为 U_{BD}，有

$$U_{BD} = U_{AB} - U_{AD} = I_1 R_1 - I_4 R_4$$

由欧姆定律知：

$$E = I_1(R_1 + R_2) = I_4(R_3 + R_4)$$

故

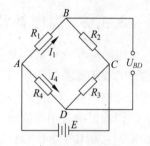

图 3-3　惠斯顿电桥

$$\begin{cases} I_1 = \dfrac{E}{R_1 + R_2} \\[2mm] I_4 = \dfrac{E}{R_3 + R_4} \end{cases}$$

整理以上公式可得

$$U_{BD} = E\,\frac{R_1 R_3 - R_2 R_4}{(R_1 + R_2)(R_3 + R_4)} \tag{3-2}$$

当电桥平衡时，$U_{BD} = 0$，可得电桥的平衡条件为

$$R_1 R_3 = R_2 R_4 \tag{3-3}$$

若电桥的四个臂均为粘贴在构件上的四个电阻应变片，其初始电阻都相等，均为 R，即 $R_1 = R_2 = R_3 = R_4 = R$，且在构件受力前电桥保持平衡，即 $U_{BD} = 0$。在构件受力后，各电阻应变片的电阻改变量分别为 ΔR_1、ΔR_2、ΔR_3、ΔR_4，则由式（3-2）得电桥输出端电压为

$$\Delta U_{BD} = E\,\frac{(R_1 + \Delta R_1)(R_3 + \Delta R_3) - (R_2 + \Delta R_2)(R_4 + \Delta R_4)}{(R_1 + \Delta R_1 + R_2 + \Delta R_2)(R_3 + \Delta R_3 + R_4 + \Delta R_4)}$$

简化上式，略去 $\Delta R_i (i = 1, 2, 3, 4)$ 的高次项，因 ΔR_i 相对于 R 来说很小，故简化分母时也可忽略 ΔR_i，则

$$\Delta U_{BD} = \frac{E}{4}\left(\frac{\Delta R_1}{R} - \frac{\Delta R_2}{R} + \frac{\Delta R_3}{R} - \frac{\Delta R_4}{R}\right) \tag{3-4}$$

根据式(3-1)和式(3-4)可写为

$$\Delta U_{BD} = \frac{EK}{4}(\varepsilon_1 - \varepsilon_2 + \varepsilon_3 - \varepsilon_4) \tag{3-5}$$

式(3-5)表明,由电阻应变片感受到的应变($\varepsilon_1 - \varepsilon_2 + \varepsilon_3 - \varepsilon_4$)可以通过电桥线性转化为电压的变化 ΔU_{BD}。

由此可得电阻应变仪的读数应变为

$$\varepsilon_d = \frac{4U_{BD}}{EK} = \varepsilon_1 - \varepsilon_2 + \varepsilon_2 - \varepsilon_4 \tag{3-6}$$

式中,ε_1、ε_2、ε_3、ε_4 分别为电阻应变片 R_1、R_2、R_3、R_4 感受的应变值。

式(3-6)表明,电桥的输出电压与各桥臂应变的代数和成正比。应变 ε 的符号由变形方向决定,一般规定拉应变为正,压应变为负。可见,电桥具有以下基本特性:两相邻桥臂应变片所感受的应变 ε 代数值相减;而两相对桥臂应变片所感受的应变 ε 代数值相加。这种作用也称为电桥的加减性。利用电桥的这一特性,正确地布片和组桥,可以提高测量的灵敏度,减少误差,测取某一应变分量和补偿温度影响。

3.3.2　温度补偿

电阻应变片对温度变化十分敏感。当环境温度变化时,因应变片的线膨胀系数与被测构件的线膨胀系数不同,且敏感栅的电阻值随温度的变化而变化,所以测得的应变将包含温度变化的影响,不能反映构件的实际应变,因此在测量中必须设法消除温度变化的影响。

消除温度影响的措施叫温度补偿。在常温应变测量中,温度补偿的方法是采用桥路补偿法。它是利用电桥特性进行温度补偿的,桥路补偿法有以下两种。

1. 补偿块补偿法

把粘贴在构件被测点处的应变片称为工作片,接入电桥的 AB 桥臂;另外以相同规格的应变片粘贴在与被测构件材料相同但不参与变形的一块材料上,并与被测构件处于相同温度条件下,称为温度补偿片,将它接入电桥的 BC 桥臂,与工作片组成半桥测量,如图 3-4(a)所示,电桥的另外两桥臂为应变仪内部固定无感标准电阻,组成等臂电桥。根据电桥的特性可知,在桥路中可消除温度变化所产生的影响。

2. 工作片补偿法

这种方法不需要补偿片和补偿块,而是在同一被测构件上粘贴几个工作应变片,如图 3-4(b)所示,根据电桥的基本特性及构件的受力情况,将工作片正确地接入电桥中,即可消除温度变化所引起的应变,得到所需测量的应变。

3.3.3　应变片在电桥中的接线方法

利用电桥的基本特性,应变片在测量电桥中可用各种不同的接线方法达到温度补偿,并从复杂的变形中测出所需要的应变分量,以提高测量灵敏度,减少误差。

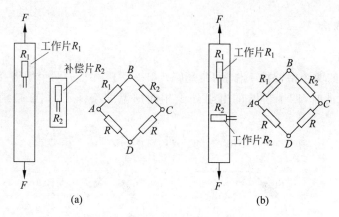

图 3-4 桥路补偿法

（a）补偿片补偿法；（b）工作片补偿法

1. 半桥接线方法

1）半桥单臂测量

半桥单臂测量又称为 1/4 桥，电桥中只有一个桥臂接工作应变片（常用 AB 桥臂），而另一桥臂接温度补偿片（常用 BC 桥臂），CD 和 DA 桥臂接应变仪内标准电阻，如图 3-5（a）所示。考虑温度引起的电阻变化，按式（3-6）可得到应变仪的读数应变为

$$\varepsilon_d = \varepsilon_1 + \varepsilon_{1t} - \varepsilon_t \tag{3-7}$$

由于工作应变片 R_1 和温度补偿片 R 的温度条件完全相同，因此 $\left(\dfrac{\Delta R_1}{R_1}\right)_t = \left(\dfrac{\Delta R}{R}\right)_t$。所以电桥的输出电压只与工作片引起的电阻变化有关，与温度变化无关，即应变仪的读数为

$$\varepsilon_d = \varepsilon_1 \tag{3-8}$$

2）半桥双臂测量

电桥的两个桥臂 AB 和 BC 上均接工作应变片，CD 和 DA 两个桥臂接应变仪内标准电阻，如图 3-5（b）所示。因为两工作应变片处在相同温度条件下，$\left(\dfrac{\Delta R_1}{R_1}\right)_t = \left(\dfrac{\Delta R_2}{R_2}\right)_t$，所以应变仪的读数为

$$\varepsilon_d = \varepsilon_1 + \varepsilon_{1t} - (\varepsilon_2 + \varepsilon_{2t}) = \varepsilon_1 - \varepsilon_2 \tag{3-9}$$

根据桥路的基本特性，可自动消除温度的影响，无需另接温度补偿片。

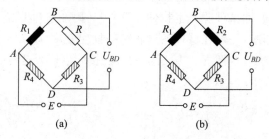

图 3-5 半桥电路接线法

（a）半桥单臂测量；（b）半桥双臂测量

2. 全桥接线法

1）对臂测量

电桥中相对的两个桥臂接工作片（常用 AB 和 CD 桥臂），另两个桥臂接温度补偿片，如图 3-6(a)所示。此时，四个桥臂的电阻处于相同的温度条件下，相互抵消了温度的影响。应变仪的读数为

$$\varepsilon_d = (\varepsilon_1 + \varepsilon_{1t}) - \varepsilon_{2t} + (\varepsilon_3 + \varepsilon_{3t}) - \varepsilon_{4t} = \varepsilon_1 + \varepsilon_3 \tag{3-10}$$

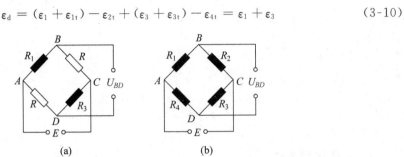

图 3-6　全桥电路接线法

(a) 对臂测量；(b) 全桥测量

2）全桥测量

电桥中的四个桥臂上全部接工作应变片，如图 3-6(b)所示。由于它们处于相同的温度条件下，相互抵消了温度的影响。应变仪的读数为

$$\varepsilon_d = \varepsilon_1 - \varepsilon_2 + \varepsilon_3 - \varepsilon_4 \tag{3-11}$$

3.4　测量电桥的应用

在测量各种荷载产生的应变时，根据构件已知的受力特点和电桥特性，进行适当的布片和接桥，可准确地测量出各种荷载下的应变，现举例如下。

3.4.1　应变片串联进行拉伸试验

在拉伸试验中，由于试件可能有初曲率，同时试验机夹头难免会存在一些偏心作用，使得试件两面的应变不同，即试件除产生拉伸变形外，还附加了弯曲变形。因此，在测量中，需设法消除弯曲变形的影响，一般在试件两侧各贴一枚应变片，如图 3-7(a)所示。

把两枚应变片串联后，按图 3-7(b)所示的方法接入电桥。这时，

$$R_1 = R_a + R_b = 2R$$

$$\frac{\Delta R}{R} = \frac{1}{2R}(\Delta R_a + \Delta R_b) = \frac{1}{2}\left(\frac{\Delta R_a}{R} + \frac{\Delta R_b}{R}\right)$$

将等式两边同乘以灵敏系数 K，由式(3-1)得

$$\varepsilon_1 = \frac{1}{2}(\varepsilon_a + \varepsilon_b) \tag{3-12}$$

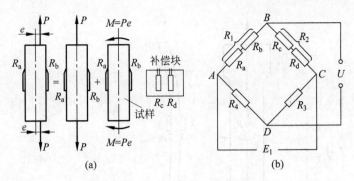

图 3-7　应变片串联进行拉伸试验

(a) 拉伸试样及布片；(b) 应变片接桥

可见，桥臂 R_1 的应变 ε_1 是应变片应变的平均值。桥臂 R_2 也有同样的结果。在拉伸试验中，如以电阻应变片代替机械式引伸仪，便可用电测法完成应变和弹性模量的测定。这时，为了消除荷载偏心的影响，按图 3-7(a) 所示的方法贴片，并按图 3-7(b) 所示的半桥接法接线，可利用电桥的加减特性消除荷载偏心引起的弯曲变形的影响，还可实现温度补偿。

3.4.2　材料弹性模量 E 和泊松比 μ 的测量

1. 测量弹性模量 E

图 3-8(a) 所示为一拉伸试件，在其两侧面沿试件轴线 x 方向粘贴工作应变片 R_1、R_3，另在补偿块上粘贴补偿片 R_2、R_4，并分别将 R_1 和 R_3、R_2 和 R_4 接入相对两桥臂，按图 3-8(b) 所示接成全桥线路进行对臂测量。

若以 ε_F、ε_M 分别代表轴向拉伸和弯曲变形所引起的应变，则各应变片的应变为

$$\left.\begin{array}{l}\varepsilon_1 = \varepsilon_F + \varepsilon_M + \varepsilon_t \\ \varepsilon_2 = \varepsilon_4 = \varepsilon_t \\ \varepsilon_3 = \varepsilon_F - \varepsilon_M + \varepsilon_t\end{array}\right\} \tag{3-13}$$

应变仪的读数应变按式(3-6)为

$$\varepsilon_{xd} = \varepsilon_1 - \varepsilon_2 + \varepsilon_3 - \varepsilon_4 = 2\varepsilon_F \tag{3-14}$$

因此，由轴向拉伸变形引起的应变为

$$\varepsilon_F = \frac{1}{2}\varepsilon_{xd} \tag{3-15}$$

可见，读数应变中已经消除了弯曲变形和温度变化的影响。

若试件横截面积为 A，则得到材料弹性模量为

$$E = \frac{\sigma}{\varepsilon_F} = \frac{2F}{\varepsilon_{xd}A} \tag{3-16}$$

2. 测量泊松比 μ

在图 3-8(a) 所示的拉伸试件两侧面，沿与试件轴线垂直的 y 方向粘贴工作应变片 R_1'、R_3'，另在补偿块上粘贴补偿片 R_2'、R_4'，分别将 R_1' 和 R_3'，R_2' 和 R_4' 接入对桥，并按图 3-8(b) 所

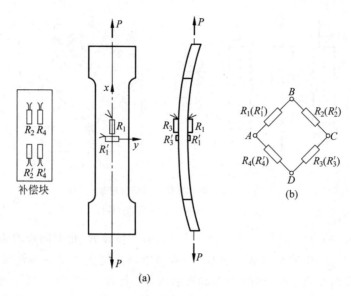

图 3-8 E、μ 的测定

（a）拉伸试样及布片；（b）应变片接桥

示的方法接成全桥线路进行对臂测量。此时各应变片的应变为

$$\left.\begin{array}{l} \varepsilon_1 = -\mu(\varepsilon_F + \varepsilon_M) + \varepsilon_t \\ \varepsilon_2 = \varepsilon_4 = \varepsilon_t \\ \varepsilon_3 = -\mu(\varepsilon_F - \varepsilon_M) + \varepsilon_t \end{array}\right\} \tag{3-17}$$

应变仪的读数应变为

$$\varepsilon_{yd} = \varepsilon_1 - \varepsilon_2 + \varepsilon_3 - \varepsilon_4 = 2\mu\varepsilon_F \tag{3-18}$$

再将测量弹性模量所得到的 ε_{xd} 代入式(3-19)，便可得材料的泊松比为

$$\mu = \left| \frac{\varepsilon_{yd}}{\varepsilon_{xd}} \right| \tag{3-19}$$

3.4.3 悬臂梁式变形传感器（电子引伸仪）

传感器由固接在一起的两根矩形截面悬臂梁组成，应变片的粘贴和接线如图 3-9 所示。对于单一的悬臂梁，当自由端受集中力 P 作用时，端点的挠度为

$$f = \frac{PL^3}{3EI} = \frac{4PL^3}{Eb\delta^3} \tag{3-20}$$

式中，L 为悬臂梁的跨度；b 和 δ 分别为横截面的宽度和厚度。

贴片处的应变为

$$\varepsilon = \frac{\sigma}{E} = \frac{M}{EW} = \frac{6PL_1}{Eb\delta^2} \tag{3-21}$$

式中，L_1 为贴片截面到自由端的距离。

从式(3-20)和式(3-21)中消去 P，得

$$f = \frac{2L^3}{3\delta L_1}\varepsilon \tag{3-22}$$

将四个应变片按全桥接线,如图 3-9(b)所示。四个应变片的应变绝对值相等,设为 ε,而且相对臂符号相同,相邻臂符号相反,则

$$\varepsilon_{\mathrm{r}} = \varepsilon_1 - \varepsilon_2 + \varepsilon_3 - \varepsilon_4 = 4\varepsilon \tag{3-23}$$

如图 3-9(c)所示,将传感器安装在试样上,显然,在传感器两刀刃间试样的伸长量 Δl 等于两刀刃的相对位移,即

$$\Delta l = 2f = \frac{L^3}{3\delta L_1}\varepsilon_{\mathrm{r}} = \eta\varepsilon_{\mathrm{r}} \tag{3-24}$$

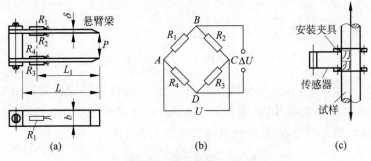

图 3-9 悬臂梁式变形传感器

(a)悬臂梁传感器及布片;(b)应变片接桥;(c)传感器安装

由于悬臂梁尺寸和贴片位置难免出现误差,实际上是用标准位移计和电阻应变仪对传感器进行标定,以确定系数 η。

3.4.4 圆筒式测力传感器

圆筒式测力传感器的弹性元件如图 3-10 所示。为消除力的偏心影响,可将应变片如图 3-11(a)所示粘贴在圆筒中部的四等分圆周上,共四个轴向片和四个横向片,将它们接成图 3-11(b)所示的串联式全桥线路。

3-2 力传感器

3-3 负荷传感器

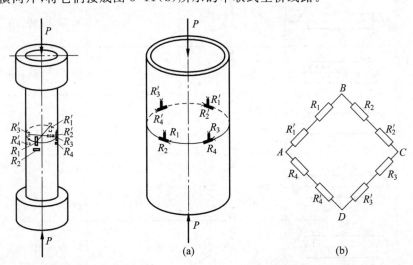

图 3-10 圆筒式测力传感器

图 3-11 传感器布片与应变片接桥

(a)传感器布片;(b)应变片接桥

当圆筒受压后，其轴向应变为 ε，各个桥臂的应变为

$$\left.\begin{array}{l}\varepsilon_1 = \varepsilon_1' = \varepsilon_3 = \varepsilon_3' = -\varepsilon + \varepsilon_t \\ \varepsilon_2 = \varepsilon_2' = \varepsilon_4 = \varepsilon_4' = \mu\varepsilon + \varepsilon_t\end{array}\right\} \tag{3-25}$$

由全桥接线得到读数应变为

$$\varepsilon_d = \varepsilon_1 - \varepsilon_2 + \varepsilon_3 - \varepsilon_4 = -2(1+\mu)\varepsilon \tag{3-26}$$

由此可知，圆筒的轴向应变为

$$\varepsilon = -\frac{\varepsilon_d}{2(1+\mu)} \tag{3-27}$$

如果圆筒截面积为 A，则压力 P 与读数应变之间的关系为

$$P = \sigma A = E\varepsilon A = -\frac{EA}{2(1+\mu)}\varepsilon_d \tag{3-28}$$

由式(3-28)可知，压力和应变呈线性关系。当然，这仅仅是理论计算结果。实际上截面面积 A 在加载时是变化的，因此每一个传感器的读数应变与力的关系都要由严格的标定试验来确定。除上述实例外，其他测量电桥的接法见表3-1。

表3-1 测量电桥接法实例

构件变形	需测应变 ε	应变片粘贴位置	电桥接法	应变仪读数 ε_r 与需测应变 ε 的关系	备 注
弯曲	弯曲			$\varepsilon_r = 2\varepsilon$	R_1 和 R_2 皆为工作片
				$\varepsilon_r = (1+\mu)\varepsilon$	R_1 和 R_2 皆为工作片
扭转	扭转主应变			$\varepsilon_r = 2\varepsilon$	R_1 和 R_2 皆为工作片
拉(压)弯组合	弯曲			$\varepsilon_r = 2\varepsilon$	R_1 和 R_2 皆为工作片
拉(压)扭组合	扭转主应变			$\varepsilon_r = 2\varepsilon$	R_1 和 R_2 皆为工作片
	拉(压)			$\varepsilon_r = (1+\mu)\varepsilon$	R_1、R_2、R_3、R_4 皆为工作片
扭弯组合	扭转主应变			$\varepsilon_r = 4\varepsilon$	R_1、R_2、R_3、R_4 皆为工作片，方向与轴线成 $45°$
	弯曲			$\varepsilon_r = 2\varepsilon$	R_1 和 R_2 皆为工作片

3.5 电阻应变仪

通过电桥把电阻应变片的应变转化成的电压(或电流)信号很弱,所以要进行放大,然后把放大了的信号用应变表示出来,这就是电阻应变仪的工作任务。电阻应变仪按测量应变的频率可分为静态电阻应变仪、静动态电阻应变仪和动态电阻应变仪等。电阻应变仪的型号很多,下面介绍两种电阻应变仪。

3.5.1 XL2118A16(U)静态电阻应变仪

1. 概述

XL2118A16(U)静态电阻应变仪是采用高精度 24 位 A/D 转换器、全新一代高性能 ARM 处理器等技术手段精心设计而成的一款仪器。该仪器具有本机自控和计算机外控两种工作模式。同时,该仪器采用精度高、稳定性强的运算放大器和数字滤波技术,使该仪器具有非常高的测量精度、良好的稳定性和极强的抗干扰能力,对工程的应变、荷载测量具有广泛的适用性。

2. 电原理图

XL2118A16(U)静态电阻应变仪的电原理图如图 3-12 所示。

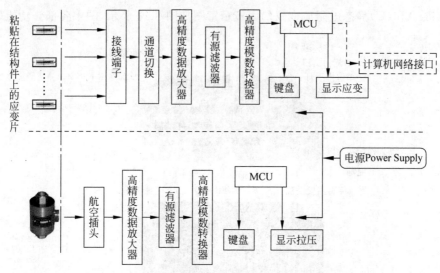

图 3-12 XL2118A16(U)静态电阻应变仪电原理图

3. 性能特点

(1) 全数字化智能设计,操作简单,测量功能丰富,配有标准 USB 2.0 网络接口,具有功能强大的计算机数据采集分析软件,可配置成一套先进的虚拟仪器测试系统。

（2）组桥方式多样，如 1/4 桥（公共补偿）、半桥、全桥和混合组桥，适合各种材料力学试验和工程的应力、应变测量。

（3）平衡方式——自动扫描平衡。

（4）XL2118A16(U)静态电阻应变仪采用 9 窗 LED 同时显示，测力（称重）与普通应变测试可同时工作且互不影响。一般情况下，不必进行通道切换即可完成全部试验，测量窗口直接显示测量值，无需进行折算。

（5）XL2118A16(U)静态电阻应变仪在本机自控工作模式下，可同时测量应变（$\mu\varepsilon$）与拉（压）力（t/kN, kg/N）两种物理量。在计算机外控工作模式下，一台计算机可同时监控（教师监控）或控制（级联测试）32 台同类型仪器，即可组成多点测量系统。

（6）测力模块通过对传感器参数的正确设置，能适配多数应变式力（称重）传感器，且测量精度高，在测量状态中可以进行 N/kg 或 kN/t 之间的数据转换。

（7）用户可根据测试要求对仪器各测点的参数进行单独设定或统一设置，该系列应变仪适合多参数测量的测试现场使用。

（8）测点切换采用进口真空继电器程控完成，减少因开关氧化所引起的接触电阻变化对测试结果的影响。

（9）主板内嵌蜂鸣器，对力值进行实时监测，过荷时报警；报警功能可关闭/开启；报警阈值可用数字设定，范围为测力传感器满量程的 1%～100%。

（10）XL2118A16(U)应变仪配置的采集分析软件，具有数据采集、表格、数码管、T-Y图、X-Y图、应力分布图、棒图显示、应变花应变分析等强大的数据采集分析功能。

4. 各部分功能

XL2118A16(U)静态电阻应变仪的面板示意图如图 3-13 所示，图中各部分功能如下。

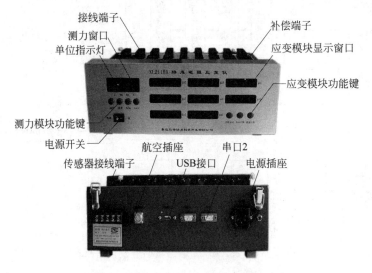

接线端子　　补偿端子
测力窗口　　应变模块显示窗口
单位指示灯
应变模块功能键
测力模块功能键
电源开关
传感器接线端子　航空插座　USB接口　串口2　电源插座

图 3-13　XL2118A16(U)静态电阻应变仪

1）接线端子

测量片（应变片）接入端子，具体使用方法详见 4.2 节应变测量模块接桥方法。

2）测力窗口

用于 6 位测量值显示。

3）单位指示灯

为 t、kN、kg、N 单位指示灯。

4）测力模块功能键

（1）设定：测量状态，该键进入（测力）参数设置状态，在参数设置过程中，具有"确定"的作用。

（2）清零：测量状态，对测力窗口进行平衡，完成清零。参数设置状态，为单位选择功能键。

（3）N/kg：测量状态，实现 N 与 kg 之间的数据转换。参数设置状态，循环移动小数点位置，改变满量程、灵敏度和报警值闪烁位的位置。

（4）kN/t：测量状态，实现 kN 与 t 之间的数据转换。参数设置状态，循环移动小数点位置，从 0～9 循环改变满量程、灵敏度和报警值闪烁位的数值。

注：在测量状态时，使用"N/kg"键或"kN/t"键进行单位转换时，转换系数为 9.806。

5）电源开关

用于打开或关闭仪器。

6）应变模块功能键

（1）系统设定：工作模式及参数设置功能选择键。开机自检时，按该键进入工作模式选择状态。在测量状态，按该键进入应变测量模块参数设置状态。

（2）自动平衡：可在测量状态对应变模块各通道进行平衡，完成清零。在参数设置状态，进行片阻选择、移动闪烁位位置。

（3）通道切换：可在测量状态进行通道切换。在参数设置状态，进行阻值选择、闪烁位数值从 0～9 循环改变。

7）应变模块显示窗口

7 位 LED，2 位测点序号，5 位测量值显示。

8）补偿端子

桥路选择端与 1/4 桥（半桥单臂）补偿端子（使用方法详见 2.1 节）。

9）传感器接线端子

配接带有线插的应变式测力（称重）传感器。

10）航空插座

配接带有 5 芯航空插头的应变式测力（称重）传感器。

注：航空插座与传感器接线端子为同一测量端，二者不可同时使用，只能使用其一。

11）USB 接口

与计算机进行通信时使用。

12）串口 2

级联接口，仪器与仪器之间进行级联时使用。

13）电源插座

仪器工作电压为 AC 220V（±10%），50Hz。

5. 使用方法

1）测力模块接线方法

XL2118A16(U)静态电阻应变仪同时具有力与应变的测试能力，其中拉压力测试单元一般配接应变式拉压传感器，因而使用状态相对固定。故初次使用 XL2118A16(U)静态电阻应变仪时，应首先进行测力模块的参数设置。测力模块有两种接线方法，如图 3-14 所示。

（1）传感器输入插座（航空插座）

航空插座与传感器接线端子的定义如图 3-14 所示。

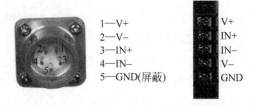

图 3-14　传感器输入插座与接线端子

（2）传感器接线端子

如使用的传感器为四线制传感器，只需将传感器引出线按照厂家提供的导线颜色连接到对应接点上即可。如使用的传感器为六线制传感器，则需将传感器的"激励＋"与"反馈＋"两条线绞合到一起，接到接线端子的"激励＋"端；将"激励－"与"反馈－"两条线绞合到一起，接到接线端子的"激励－"端。其他接线与对应的接线端子连接起来即可。

注：①"激励＋""激励－"相当于应变测量中全桥测量的 A、C 两端，"信号＋""信号－"相当于应变测量中全桥测量的 D、B 两端。②航空插座与传感器接线端子为同一测量端，二者不可同时使用，只能使用其一。

2）应变测量模块接桥方法

XL2118A16(U)静态电阻应变仪上面板由测量端和补偿端（公共补偿）两部分组成。在实际测试过程中，可根据测试要求选择不同桥路进行测试，该静态电阻应变仪组桥方式多样，如 1/4 桥（公共补偿）、半桥、全桥和混合组桥，具体接桥方法如图 3-15～图 3-19所示。

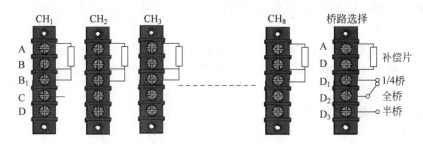

图 3-15　1/4 桥接线方式（8 个测点公共补偿）

注：①仪器测量端中每个测点上除了标有组桥必需的 A、B、C、D 四个测点，还设计了一个辅助测点 B_1，该测点只有在 1/4 桥（半桥单臂）时使用，在组接 1/4 桥路（半桥单臂）时，必

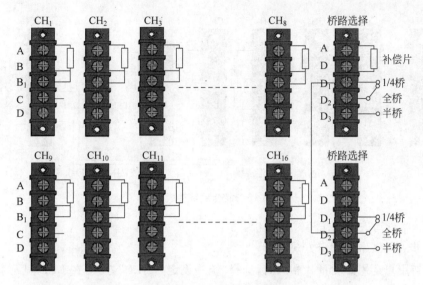

图 3-16　1/4 桥接线方式(16 个测点公共补偿)

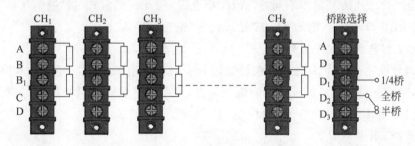

图 3-17　半桥接线方式

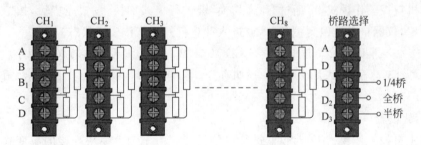

图 3-18　全桥接线方式

须将 B 和 B_1 测点之间的短路片短接；在组接半桥或全桥时，必须将 B 和 B_1 测点之间的短路片断开。在组接各种桥路时，如 B 与 B_1 之间的短路片接法错误，会造成该通道显示值过载。②在 1/4 桥(公共补偿)中，可以使用一个补偿端为所有测量端进行补偿，如图 3-15 和图 3-16 所示。

3) 工作模式设置

XL2118A16(U)静态电阻应变仪具有两种工作模式，分别为计算机外控工作模式和本机自控工作模式，在使用该仪器时，首先应进行工作模式设置，设置步骤如下：打开仪器电源开关，仪器进入自检状态，当 LED 显示"8888888"或"-2118A-"字样时，按下"系统设定"键

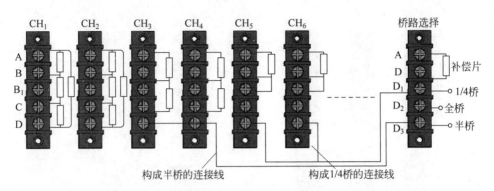

图 3-19　混合组桥接线方式

3s 以上，仪器自动进入工作模式设置状态。

第一步：灵敏系数设定方式选择。

（1）当用户选用的测量片相同时，选择"统一设定—ALL"方式，在 LED 显示"C_1 ALL"时，按"系统设定"键进行确认。

（2）当用户选用的测量片不同时，选择"单点设定—ONE"方式，按"通道切换"键进行功能切换，当 LED 显示"C_1 ONE"时，按"系统设定"键进行确认。

第二步：级联测试仪器编号设定。

仪器编号设定范围为 01～32。在设置过程中，按"通道切换"键可从 0～9 循环改变闪烁位数值，"自动平衡"键可循环改变闪烁位位置，设置完毕后，按"系统设定"进行确认。在仪器编号设定中，C2 代表第二步，01 代表 1 号机箱。

第三步：工作模式设置。

"OFF"表示本机自控工作模式，"ON"表示计算机外控工作模式。仪器出厂默认为"OFF"本机自控工作模式，可通过"通道切换"键进行模式切换，设置完毕后，按"系统设定"键保存设置，仪器自动返回测量状态，或进入计算机外控工作模式状态。

注：①在计算机外控工作模式中，LED 显示"PC 01"，01 为设定的仪器编号。计算机外控工作模式的具体使用方法详见软件说明部分。②计算机监控测试工作在本机自控工作模式下。

4）参数设置

在本机自控工作模式下，对仪器进行参数设置。由于测力模块配接的应变式拉压力传感器使用状态相对固定，故初次使用 XL2118A16(U)仪器时，应首先进行测力模块的标定。然后对应变模块进行参数设置，设置步骤如下。

（1）测力模块参数设置。在测量状态下按"设定"键 3s 以上，仪器自动进入测力模块参数设置状态，设置步骤如下。

第一步：满量程设置。

首先使用"清零"键进行单位选择（所选单位对应单位指示灯点亮），然后通过"N/kg"或"kN/t"键选择满量程小数点位置，小数点设置完成后，按"设定"键进行确认，最后，使用"N/kg"或"kN/t"键改变满量程，其中，按"N/kg"键可循环改变闪烁位的位置，按"kN/t"键可从 0～9 循环改变闪烁位数值，满量程设置范围为 1.000 0～99 999，满量程设置完毕后，按"设定"键进行确认。

第二步：传感器灵敏度设置。

灵敏度设置范围为 1.000～9.999，按"N/kg"键可循环改变闪烁位的位置，按"kN/t"键可从 0～9 循环改变闪烁位数值，灵敏度设置完毕后，按"设定"键进行确认。

第三步：报警设置 S。

"S on"报警值打开，"S off"报警值关闭，使用"N/kg"或"kN/t"键进行功能切换，设置完毕后，按"设定"键进行确认。

第四步：报警值设置 P。

报警值设置范围为 001～100，其中"100"代表满量程的 100%，使用"N/kg"键可改变闪烁位位置，按"kN/t"键可改变闪烁位数值。设置完毕后，按"设定"键进行确认并接受测力参数设置，仪器自动返回测量状态。

(2) 应变模块参数设置。测力模块参数设置完毕后，进行应变模块参数设置，在测量状态下按"系统设定"键 3s 以上，仪器自动进入应变设置状态，设置步骤如下。

第一步：片阻选择。

该系列仪器为用户提供了三种片阻值，分别为 120Ω、240Ω、350Ω，使用"自动平衡"或"通道切换"键进行片阻切换，片阻选择完成后，按"系统设定"键进行确认。

第二步：灵敏系数设定。

灵敏系数设定范围为 1.00～9.99，按"自动平衡"键可循环改变闪烁位位置，按"通道切换"键可从 0～9 循环改变闪烁位数值，灵敏系数设置完成后，按"系统设定"键确认完成参数设置，仪器自动返回测量状态。单点设定与统一设定方法相同，在统一设定时只需设置一次参数即可，单点设定需要对 16 个通道逐一进行灵敏系数设置。

至此，XL2118A16(U)静态应变仪所有设置全部完成，预热约 20min 后即可进行正式测试。

3.5.2　DH3817 动静态应变信号测试分析系统

1. 概述

DH3817 高性价动静态应变信号测试分析系统，直流供桥，内置标准电阻，由软件程控设置全桥、半桥、1/4 桥的桥路工作状态。动静态合二为一，既可用于静态应变测量，又可用于动态应变测量。采集器和桥路一体，使用方便，减少信号连接问题。可自动平衡，具有应变程控自检功能，稳定性好，测量精度高。

2. 仪器的连接

单台仪器用 1394 线与计算机直接连接使用，若无 1394 口，则需扩展卡，如图 3-20 所示。若为台式计算机，则一般安装 1394 卡后直接连接。使用多台仪器时，需将所有仪器用扩展线连接后再用 1394 线将主机与计算机连接，扩展线连接多台仪器如图 3-21 所示。

3. 桥路连接

表 3-2 所示为应变片与测量电桥的桥路连接方式。

图 3-20　仪器与计算机连接

图 3-21　多台仪器连接

表 3-2　应变片与测量电桥的连接方式

序号	用　途	现 场 实 例	应变片的连接	输入参数
方式一	1/4 桥（多通道共用补偿片）适用于测量简单拉伸压缩或弯曲应变,应变片电阻为 120Ω	$R_g=120\Omega$ / $R_g=120\Omega$	1/4桥 补偿 R_d　1　……　8　R_{g1} R_{g8} $+E_g$ V_i+ $-E_g$ V_i-	灵敏系数,导线电阻,应变片电阻
	应变片电阻为 350Ω	$R_g=350\Omega$ / $R_g=350\Omega$	1/4桥 补偿 R_d　1　……　8　R_{g1} R_{g8} $+E_g$ V_i+ $-E_g$ V_i-	
方式二	半桥（1 片工作片,1 片补偿片）适用于测量简单拉伸压缩或弯曲应变,环境较恶劣	$R_g=350\Omega$ —R_d / R_g —R_d	半桥 补偿　1　……　8　R_{g1} R_d R_g R_d $+E_g$ V_i+ $-E_g$ V_i-	灵敏系数,导线电阻,应变片电阻

续表

序号	用　　途	现　场　实　例	应变片的连接	输入参数
方式三	适用于测量简单拉伸压缩或弯曲应变,环境温度变化较大	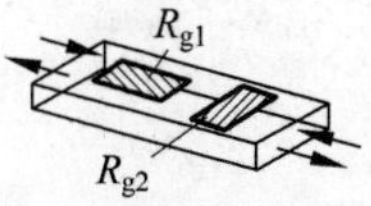 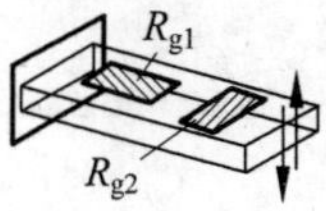	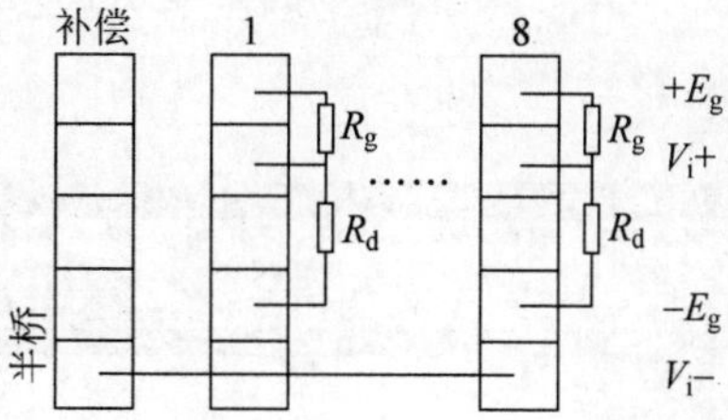	灵敏系数,导线电阻,应变片电阻,泊松比
方式四	适用于只测弯曲应变,消除了拉伸和压缩应变	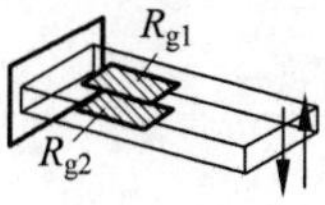	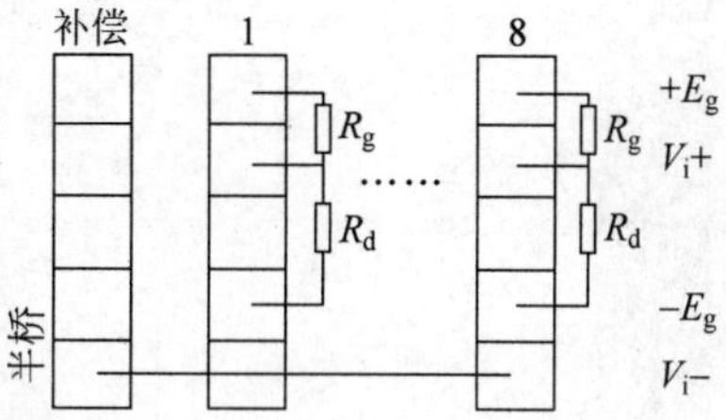	灵敏系数,导线电阻,应变片电阻
方式五	适用于只测拉伸压缩的应变	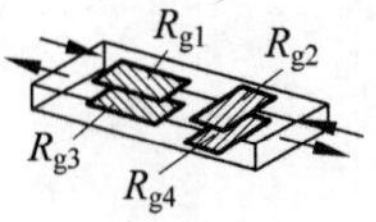 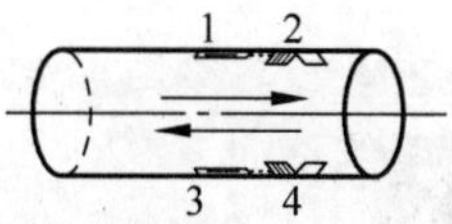	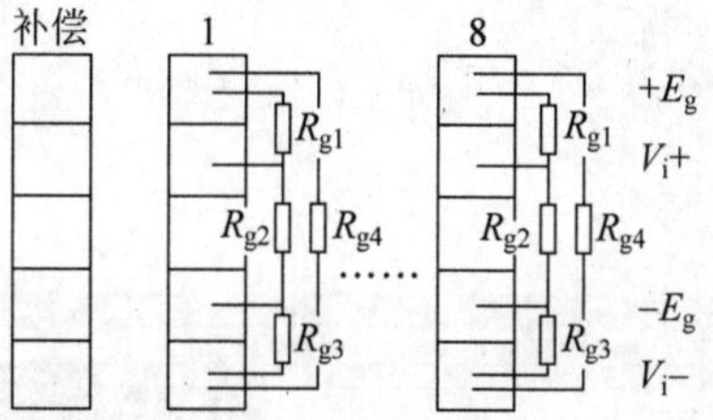	灵敏系数,导线电阻,应变片电阻,泊松比
方式六	全桥(4片工作片)适用于只测弯曲应变	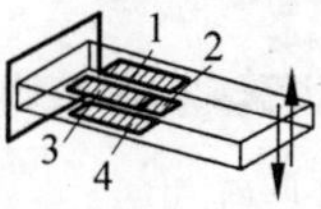 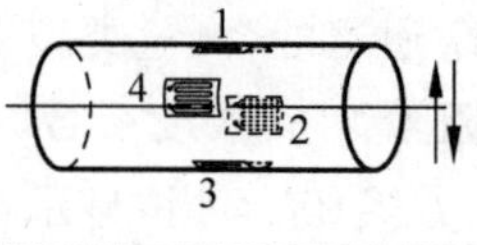	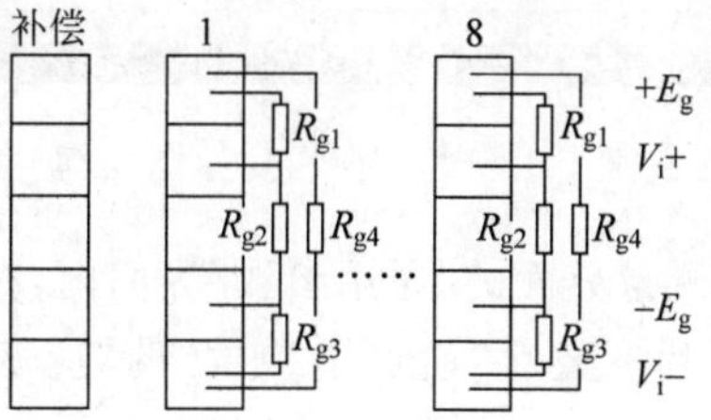	灵敏系数,导线电阻,应变片电阻

注:1. 其中,"$+E_g$"表示供桥电压正,"$-E_g$"表示供桥电压负,"V_i+"表示信号正,"V_i-"表示信号负。

2. 多通道测量时全桥和半桥可混接。

4. 系统使用方法

一般的步骤是先设置采样参数、通道参数;打开进行观测的绘图窗口或棒图窗口,选择要观测的通道信号;进行测量电桥平衡,开始采集数据;最后结束采样,保存、分析数据。

1) 一般使用方法

以测量某一动态信号为例简述。

(1) 根据测量要求选择一种桥路连接方式,如测点为纯弯曲梁上、下面两枚应变片,选择表 3-2 中方式四,把测点两枚应变片与 DH3817 动态应变测试机箱的 ch1 电桥接线端子连接半桥,连接后机箱通电。

（2）打开计算机双击,机器提示找到测试机箱界面,单击"确定"键进入测量系统界面,如图 3-22 所示。

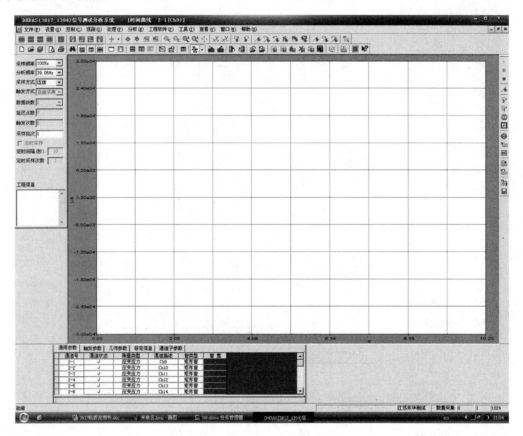

图 3-22　系统测量界面

（3）在测量界面的"通用参数"界面内,在 ch1 通道的"测量类型"项选择"应变应力";根据使用应变片参数对"通道子参数"的"应变计阻值""灵敏度系数""导线电阻"进行设置;"显示类型"和"桥路类型"分别设置为"应变"和"方式四"。当"显示类型"为"应力"时,根据试件的弹性模量(杨氏模量)设置对应通道的"弹性模量"项;当桥路方式为"方式三""方式五"时,泊松比将会参与计算,根据试件的泊松比设置对应通道的"泊松比"项。

（4）进行测点调平衡和调零。在测量界面的"通用参数"页面内,单击 ch1"测量类型"中"应变应力"使之变色,再单击鼠标右键出现"单通道平衡"和"清除零点"的图标,进行两次选择"是(Y)",完成测点平衡和调零。如果 ch1～ch8 全通道测量可通过单击 ⊕ 进行平衡操作,再单击 ▦ 进行清零操作。

（5）待被测应变稳定后,开始采样测量,即单击工具栏上的 ▶ 图标或菜单栏上"控制"→"启动采样"开始采样。

（6）采样中,单击工具栏上的"暂停采样"按钮 ‖ ,或选择菜单项"控制|暂停采样",即可

暂停采样。再次单击"暂停采样"或"启动采样"，即可继续本次采样。

（7）单击工具栏上的"停止采样"按钮■，或选择菜单项"控制|停止采样"，就可以结束采样。结束采样后，如果不需要保存数据，可以按照步骤（10）的方法进行有关测量。

（8）保存测试数据。当采样结束，需要保存该测试项目的所有数据，单击工具栏按钮■，或选择菜单项"文件|保存"或"文件|另存项目为"，即可保存当前测试数据。

（9）回放测试项目。单击工具栏上的按钮♥，或选择菜单项"控制|启动回放"，即可回放测试项目。

（10）光标读数。通过光标读数对所采集各个通道的信号进行观测和测量。光标读数在普通绘图方式下包括单光标、双光标、峰值、谷值搜索光标等，选择菜单项"观测|光标读数"，或者单击工具栏上的光标读数按钮♦，或者在绘图窗口内单击鼠标右键，从弹出的快捷菜单中选择"光标读数"，然后选择光标类型，即可以实现不同的光标读数功能。

2）测量动态应变的最大值——光标读数法

（1）峰值搜索光标测量 ε_{max}。峰值搜索光标也是一种单光标，不过该光标不可以随意移动，因为该光标永远自动定位在当前活动曲线的最高峰处，也就是所谓的峰值搜索。图 3-23 即为使用峰值搜索光标的情况，可由系统自动搜索最大值。

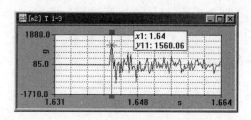

图 3-23　峰值搜索光标示意图

测量方法是使用如图 3-24 所示选择菜单，横向（纵向）放大或缩小项使测量曲线压缩为一屏，用峰值搜索光标进行测量，图 3-23 中星点的纵坐标值即是应变的最大值 ε_{max}。

图 3-24　选择菜单图

（2）谷值搜索光标测量 ε_{min}。谷值搜索光标的作用正好与峰值搜索光标相反，它也是一种单光标，也不可以随意移动，永远自动定位在当前活动曲线的最低谷处，由系统自动搜索最小值。测量方法同峰值搜索光标测量 ε_{max}。

3）双光标法测量动态应变的频率 f——光标读数法

通过双光标读数对曲线上的任意两点进行比较，对于周期性信号，可以通过双光标读数测量信号的周期从而求得频率。测量前，使用选择菜单横向（纵向）放大或缩小项使测量曲线展开，选择菜单项"观测|光标读数"，或者单击工具栏上的光标读数按钮♦，从弹出的快捷菜单中选择"双光标"，此时光标 1 和光标 2 出现在测量曲线中。如图 3-25 所示，图中"信息窗"内共有六项数值，前四项表示的是光标 1 和光标 2 对应的两个数据点的 x 轴和 y 轴方向的数值，后两项（即 d_x 和 d_{y1}）分别表示两个光标之间 x 轴方向的差值（即时间差）和曲线一的 y 轴方向上的差值（即幅值差），手动将光标 1 和光标 2 分别位于测量正弦信号的相邻两个峰（或谷）上，d_x 值就是该信号的周期。
动态应变的频率为

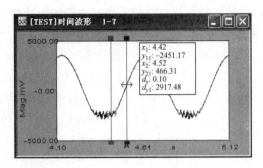

图 3-25　光标读数法

$$f = \frac{1}{d_x}(\text{Hz})$$

在使用双光标读数时,可以采用以下方法移动光标:

(1)在绘图区域任意位置按一下鼠标左键,离鼠标按下位置最近的光标自动移动至鼠标当前位置;如果按下鼠标左键不放并移动,则离鼠标最近的光标就会随着鼠标一起移动。

(2)按一下键盘上的方向键"←"或"→",则当前活动光标就会向左或右移动一个数据的位置,如果用户按住方向键"←"或"→"不放,则光标会连续移动,一直移动到曲线绘制区域的最左端或最右端为止。

3.6　电测应力分析的工程实例

电测应力分析方法是研究和解决工程中力学问题的重要手段,也是解决复杂工程问题的有效工具。下面介绍一些电测应力分析的工程实例,以开阔读者的眼界,提高读者对电测应力分析方法重要性和实用性的认识。

3.6.1　闭式轧钢机框架力学模型试验研究

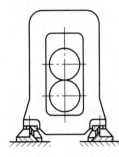

图 3-26　闭式机架

轧钢是钢铁企业的重要生产过程,它是将钢锭或钢坯轧制成钢材的生产环节。轧钢机是该生产环节的主要设备。轧钢机架是轧机工作机座的主要零件,它既是支承件——轧辊轴承座及轧辊调整装置等都安装在机架上,又是受力件——机架要承受轧制力,因此也是轧钢机的关键零件。为了满足轧钢机的工作要求,机架必须有足够的强度和刚度。轧钢机架分为闭式机架和开式机架两种。闭式机架是一个整体框架,如图 3-26 所示。闭式轧钢机架的力学简化模型一般分为直角刚架模型和圆角刚架模型,在力学测试研究时,通常将构件简化为直角刚架。那么哪一种模型更符合实际呢?有学者对此做了试验研究,现介绍其研究方法和结果。

为测试闭式轧钢机架的内部受力,将机架根据轧钢设备厂提供的数据按比例缩小做成5个模型,轧制力可看成集中力作用在横梁中点,如图 3-27(a)所示。应用电测法在模型梁、柱各边缘处粘贴应变片,位置如图 3-27(b)所示。在万能材料试验机上进行测试,用挂钩将模型在加力处挂住,加力 $P=3\text{kN}$,测出各点应变。由于模型梁、柱各边缘处处于单向应力状态,由胡克定律可求出该点处的应力。为了比较圆角刚架和直角刚架模型的优劣,分别计算圆角刚架模型和直角刚架模型在 $P=3\text{kN}$ 时的内力和应力的理论值。通过比较可知,虽然两种模型的应力变化规律相同,圆角刚架力学模型的数据与测试值更接近,更能反映实际情况。因此,建议在分析研究时采用圆角刚架模型。

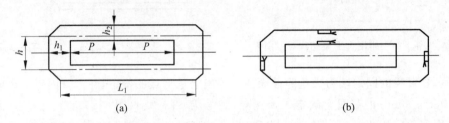

图 3-27　试验模型

(a)轧钢机架力学模型；(b)应变片布置

3.6.2　造船用脚手架的危险点试验分析

脚手架是在工程结构施工中,为使施工人员能对站在地面或结构上伸手不及的高度进行施工而搭设的,是用以工作及存放工具和施工物料的操作平台。为了满足作业要求,脚手架必须满足安全性、作业适应性和经济性等要求。安全性是指在承受施工人员和材料等荷载时应具有足够的强度,在施工作业时必须稳定不摇晃,能防止材料掉落等；作业适应性是指工作台面有足够的宽度保证施工人员作业和通行,能临时堆放部分施工材料和工具,无妨碍作业的脚手架结构等；经济性是指便于搭设和拆除,应能多次周转使用等。脚手架在建筑、石油化工、造船等大型建筑与工业装备施工中有广泛的应用。在造船工业中,大型船体的制造需要搭建脚手架,船用脚手架一般以船体本身作为支撑结构,即在已经组装好的部分船体上焊接一对角钢组成悬臂梁,再在梁上搭接脚手板,其结构形式如图 3-28 所示。随着组装船体高度和位置的变化,可随时将悬臂梁切割下来,再重新焊接到新的位置,组成新的脚手架。这种脚手架不但便于搬运和组装,而且不占用施工场地,非常便于预制钢结构的吊装。为了保证脚手架的安全性,必须确定此种脚手架的应力分布规律及危险点位置,为安全设计和使用提供依据。为此,有学者用试验方法研究了脚手架的应力分布规律及危险点,并与理论计算进行了比较,证明了理论模型的正确性[9]。下面介绍其研究方法和结果。

双角钢式脚手架的支撑结构是将眼板焊接在船体钢板上,两根角钢则是用高强度螺栓连接在眼板上(图 3-28)。因此,长 L 的角钢可以简化为一端固定、另一端自由的悬臂梁,其悬臂段承受的分布荷载随施工人员及存放工具位置的不同而变化。悬臂梁受力最危险的情况是总荷载作用在脚手板的最外端,即总荷载为一个作用于悬臂梁自由端的集中荷载。为此,制作了简化模型试验装置,所用不等边角钢型号为(10/6.3),主要数据为 $B=100\text{mm}$,$b=63\text{mm}$,$d=6\text{mm}$,如图 3-29 所示。

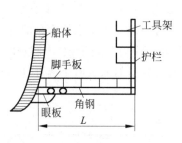

图 3-28　船用脚手架结构示意图

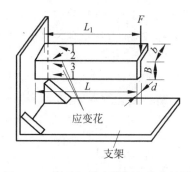

图 3-29　脚手架试验装置及受力简图

显然，悬臂梁的固定端为最危险截面。为了确定危险点的位置，在靠近固定端距梁的自由端为 $L_1=400\text{mm}$ 的截面上确定 4 个测点，编号为 1、2、3、4（图 3-29）。由于应力状态未知，故采用直角应变花，应变花的 0°、45°和 90°片按逆时针方向排列。关于应变花的知识，可以参阅 4.4 节相关试验原理部分。

试验时采用分段等间距加载，初始荷载取为 $F_0=2\text{kN}$；荷载增量取为 $\Delta F=2\text{kN}$；加力点位置通过不等边角钢截面形心。根据实测数据，可求得各测点的主应变、主应力和主方向。通过分析可知，两者所得应力分布的规律是一致的，即第 2、3 点主要受拉应力作用，而第 4 点主要受压力作用，第 1 点则是拉、压应力均较小。通过分析可得，2、4 点为危险点，其中 2 点主要受拉应力，4 点主要受压应力。在工程实际应用中，应按照满足 2、4 点应力的强度标准进行截面设计和材料选取。

3.6.3　FRP 混凝土结构力学性能的试验研究

纤维增强塑料（fiber reinforced plastics，FRP）是一种常见的复合材料。在 FRP 中，纤维是增强塑料，起承受荷载的作用，常用的纤维有玻璃纤维、碳纤维、芳纶纤维等；塑料是基体材料，起联结、保护纤维以及传递荷载的作用，常用的有不饱和聚酯树脂、环氧树脂等。传统的钢筋混凝土等土木结构由于受环境因素和各种外力作用的影响，在使用中易受到损伤，从而大大降低了结构的承载能力，缩短了钢筋混凝土结构的使用寿命，而且维修的成本较高。这就迫切要求有一种更经济实用的方法来解决。近年来，FRP 材料由于其具有很好的耐腐蚀性、比强度高、耐疲劳性好等优点，越来越多地应用于土木工程。这样，FRP 混凝土结构就应运而生了。

美国 Caongy 公司推出用于混凝土的拉挤成型 FRP 增强筋，质量较钢筋轻 3/4，拉伸强度更大，不会被腐蚀。后来又推出由多根拉挤成型 FRP 条材编成的笼形 FRP 筋，以及 FRP 增强混凝土水塔。尽管纤维增强塑料筋有诸多优点，但将其用于增强混凝土的进展仍然较为缓慢，重要原因来自材料本身，即 FRP 材料延性差，其拉伸特性呈线性上升至断裂的脆性破坏模式，不能很好地满足结构的延性要求。而材料的延性是结构安全所必需的条件。此外，FRP 混凝土结构应用于实际工程后，如何获知该种结构的应力、应变状态等力学性能，特别是结构内部的应变信息，也成为研究难题和研究热点。有学者将全光纤应变传感器应用到 FRP 混凝土结构的力学性能研究中，取得较好的效果[10]。下面介绍其具体试验方案和结果。

试验采用的试件是 FRP 混凝土圆截面梁。首先在素混凝土梁上沿轴向开两条槽(间距为 1/4 圆周),分别埋设信号光纤和参考光纤。其中信号光纤埋设长度 L 为 120mm,把环氧树脂与混凝土粘贴在一起,而信号光纤的其他部分和参考光纤的全部则用牛油保护在各自的槽中,使光纤与混凝土不相互作用。埋设好光纤后,在混凝土表面沿轴向布置 5 片电阻应变片。然后将上述准备好的混凝土梁置于缠绕机上进行缠绕,以聚酯树脂为粘结剂。玻璃纤维以 ±45°交叉缠绕两层,最后在 FRP 材料表面沿轴向布置 5 片电阻应变片,测点位置如图 3-30 所示。

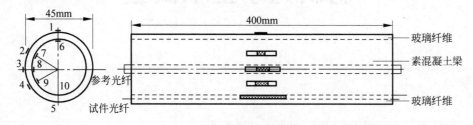

图 3-30　试件测点位置图

采用纯弯曲试验来测试 FRP 混凝土梁的应力应变状态等力学性能,试件加载如图 3-31 所示。整个测试系统包括 20t 万能试验机、试件加载装置、光纤信号采集部分和电阻应变仪及位移计等。测试时,光电探测器接收到由于外力引起的光强变化,并输出电信号到放大器,随后经 A/D 转换输入 PC,这样 PC 就采集了一系列试验信号数据,处理得到测点处的平均应变。此外,电阻应变仪采集 1～10 号电阻应变片的数据。由于 10 号应变片和信号光纤位置很接近,通过对比它们的数据,可以看出在线性阶段,光测和电测数据吻合得较好,而且在大变形情况下,电阻应变片已经失效后,光纤应变传感器仍能采集数据,说明光纤传感器更适于工程结构的长期实时监测。图 3-32 是 FRP 混凝土梁的荷载-挠度曲线,对于工程中使用的梁,要求最大挠度不超过跨度的 1/200,本试验中跨度为 350mm,即最大挠度应为 1.75mm,而实际试件破坏时挠度达到 10mm。说明 FRP 材料具有较大的延伸率,并可以起到阻止混凝土表面裂纹扩展的作用,从而提高了复合梁的抗弯能力。

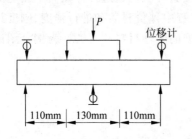

图 3-31　四点加载弯曲试验示意图

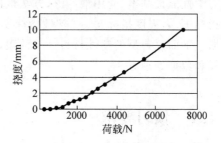

图 3-32　荷载-挠度曲线

第4章

材料力学基本试验

按照材料力学多学时教学大纲有关试验教学的要求,材料力学试验教学应包括材料在拉伸和压缩时的力学性能测试试验,材料在扭转时力学性能测定试验,纯弯曲梁正应力测定试验,组合变形主应力测定试验等基本试验内容。本章在介绍材料力学基本试验内容的基础上,还就与试验相关的知识和问题进行了一些讨论,使学生对试验有全面深刻的了解。为了扩展学生的知识面,本章为有能力的学生设计了部分开放试验,开放试验可在部分专业学生中安排,也可由学生自愿在课外完成。基本试验和开放试验分别在本章和第 5 章介绍。

4.1 材料在拉伸和压缩时的力学性能测定试验

承受轴向拉伸和压缩是工程构件最常见的受力方式之一,材料在拉伸和压缩时的力学性能也是材料最重要的力学性能之一。常温、静载下金属材料的单向拉伸和压缩试验是测定材料力学性能最基本、应用最广泛、方法最成熟的试验方法。通过拉伸试验所测定的材料的弹性指标 E、μ,强度指标 σ_s、σ_b,塑性指标 δ、ψ,是工程中评价材质和进行强度、刚度计算的重要依据。下面以典型的塑性材料——低碳钢和典型的脆性材料——铸铁为例介绍试验的详细过程和数据处理方法。

4.1.1 预习要求

预习本试验和 2.1 节~2.2 节有关内容,并回答以下问题。

(1) 如何操作电子万能材料试验机?

(2) 简述测定低碳钢弹性模量 E 的方法和步骤。

(3) 试验时如何观察低碳钢拉伸和压缩时的屈服极限?

注:必须在试验前完成预习要求,填写试验报告第一项至第四项(预习回答问题可任选上述两题),经检查后方能参加试验。

4.1.2　材料拉伸时的力学性能测定

拉伸时的力学性能试验所用材料包括塑性材料低碳钢和脆性材料铸铁。

1. 试验目的

(1) 在弹性范围内验证胡克定律,测定低碳钢的弹性模量 E。

(2) 测定低碳钢的屈服极限 σ_s、强度极限 σ_b、延伸率 δ 和断面收缩率 ψ;测定铸铁拉伸时的强度极限 σ_b。

(3) 观察低碳钢和铸铁拉伸时的变形规律和破坏现象。

(4) 了解万能材料试验机的结构工作原理和操作。

2. 设备及试样

(1) 电子式万能材料试验机。

(2) 杠杆式引伸仪或电子引伸仪。

(3) 游标卡尺。

(4) 拉伸试样。

《金属材料 拉伸的试验第 1 部分:室温试验方法》(GB/T 228.1—2010)规定,标准拉伸试样如图 4-1 所示。截面形状有圆形(图 4-1(a))和矩形(图 4-1(b))两种。标距 l_0 应不小于 15mm,标距 l_0 与原始横截面面积 A_0 之间有如下关系: $l_0 = k\sqrt{A_0}$。国际上采用的比例系数 $k = 5.65$,称为短试样;若横截面积太小以致采用 $k = 5.65$ 而使标距达不到最小值要求时,可以采用 $k = 11.3$ 的试样,即长试样。对于直径为 d_0 的长试样,$l_0 = 10d_0$;对于直径为 d_0 的短试样,$l_0 = 5d_0$。

试验前,要用划线机在试样上画出标距线。

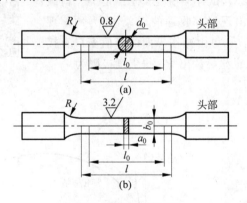

图 4-1　标准拉伸试样

(a) 圆形截面试样;(b) 矩形截面试样

4-1　拉伸试样

3. 低碳钢拉伸试验

1) 试验原理与方法

常温下的拉伸试验是测定材料力学性能的基本试验,可用以测定弹性模量 E、屈服极限

σ_s、强度极限 σ_b、延伸率 δ 和断面收缩率 ψ 等力学性能指标。这些指标都是工程设计中常用的力学性能参数。现以电子式万能材料试验机为例说明其测量原理和方法。

（1）弹性模量 E 的测定。在比例极限范围内，

$$E = \frac{\sigma}{\varepsilon} = \frac{Pl'_0}{A_0 \Delta l} \tag{4-1}$$

其中，$l'_0 = 20\text{mm}$，为引伸仪的标距；A_0 为试样横截面平均面积。

可见，只要测出试样上作用的拉力 P 和标距内的伸长 Δl，即可求出弹性模量 E 值。

为了检验荷载与变形间的关系是否符合胡克定律，并减少测量误差，试验时用增量法施加荷载。即把荷载分成若干相等的加载等级 ΔP，每加载一级时由引伸仪读出对应的伸长量，最后计算出与 ΔP 对应的变形平均值 $\delta(\Delta l)$（图4-2）。将式(4-1)改写为

$$E = \frac{\Delta P l'_0}{A_0 \delta(\Delta l)} \tag{4-2}$$

便可求出弹性模量。钢材的弹性模量大约为 200GPa。

应注意最高荷载不能超过比例极限范围。测完 E 值后卸下引伸仪，继续加载直到试样断裂。为了消除引伸仪和试验机机构的间隙，以及开始阶段引伸仪刀口在试样上的可能滑动，应先对试样施加一个初荷载 P_0。即在装好引伸仪后，开动试验机给试样加一个初荷载，一般取 2～5kN。自初荷载起，逐渐加载，测其伸长量。

（2）屈服极限 σ_s 和强度极限 σ_b 的测定。加载到达屈服极限时，P-Δl 曲线呈锯齿形（图4-2）。一般将首次荷载下降的最低点称为初始瞬时效应，不作为强度指标取值，把初始瞬时效应后的最低荷载 P_{sL} 对应的应力作为屈服极限 σ_s：

$$\sigma_s = \frac{P_{sL}}{A} \tag{4-3}$$

式中，A 为试样横截面的最小面积；σ_s 的单位为 MPa。

在屈服过程中，注意观察试样上出现的沿45°方向的滑移线。

屈服阶段过后，进入强化阶段（图4-3），试样又恢复了承载能力。荷载到达最大值 P_b 时，试样某一局部开始出现局部收缩的现象，称为颈缩现象，荷载开始下降，直至拉断。试样拉断后，可由操作界面的峰值窗口直接读出 P_b，或将鼠标放到曲线的最高处由纵坐标读出 P_b，得强度极限为

4-2　颈缩现象

$$\sigma_p = \frac{P_b}{A} \tag{4-4}$$

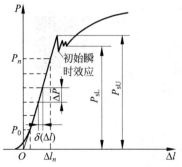

图4-2　低碳钢弹性模量测定

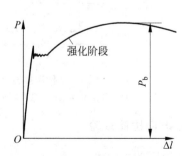

图4-3　低碳钢强化阶段

（3）延伸率 δ 和断面收缩率 ψ 的测定。试样的标距原长为 l_0，拉断试样后将两段试样紧密地对接在一起，量出拉断后的标距长为 l_1，则延伸率为

$$\delta = \frac{l_1 - l_0}{l_0} \times 100\% \tag{4-5}$$

断口附近塑性变形最大，所以 l_1 的量取与断口的位置有关。如果断口发生于 l_0 的两端处或在 l_0 之外，则应重做试验。若断口距 l_0 一端距离不大于 $l_0/3$，则需进行修正。修正方法将在后面讨论。

试样拉断后，设颈缩部位的最小横截面面积为 A_1，按下式计算断面收缩率：

$$\psi = \frac{A_0 - A_1}{A_0} \times 100\% \tag{4-6}$$

由于断口不是规则的圆形，应在两个互相垂直的方向量取最小截面的直径，以其平均值计算 A_1。

2）试验步骤

（1）测量试样尺寸：在标距内上、中、下三个部位互相垂直的两个方向上测量直径，并算出每处的平均值，三个平均值的平均面积值 A_0 用于 E、ψ 的计算，最小平均面积值 A 用于应力 σ 的计算。将有关数据填入表 4-1 内。

表 4-1 拉伸试验原始数据记录表

材料名称	试验前试样尺寸						试验后试样尺寸		屈服荷载 $P_{\mathrm{sL}}/\mathrm{kN}$	最大荷载 $P_{\mathrm{b}}/\mathrm{kN}$
	标距 l_0/mm	直径 d_0/mm			最小面积 A/mm^2	平均面积 A_0/mm^2	标距 l_1/mm	断口处直径 d_1/mm		
		位置一	位置二	位置三						
低碳钢		1	1	1				1		
		2	2	2				2		
		均	均	均				均		
铸铁	—	1	1	1			—	—	—	
		2	2	2						
		均	均	均						

（2）调整试验机：按照操作规程调整好试验机。

（3）安装试样及引伸仪：按照 2.2 节的要求安装试样和引伸仪，并调零。

（4）加载：测定 E 值时，分六级加载，分别将各级荷载时引伸仪读数记录到表 4-2 中。应均匀缓慢加载，各测试人员应密切配合，做到读数准确及时，并随时检查是否符合胡克定律；测完 E 值后，应及时取下引伸仪，继续加载观察屈服极限力 P_{sL} 和屈服现象；过了屈服阶段后，可加快加载速度直到拉断，曲线下降时，注意观察颈缩现象。试样断裂后，由操作界面坐标图记录的 P-Δl 曲线上读出屈服极限力 P_{sL} 和强度极限力 P_{b}。

表 4-2 测量弹性模量 E 数据记录表

	第一级	第二级	第三级	第四级	第五级	第六级
荷载/kN						
引伸仪读数/格						
读数增量/格						

（5）卸下试样，测量标距长度和颈缩处的最小直径。

（6）试验结束后，检查数据，经指导教师签字认可后，结束试验。

4. 铸铁拉伸试验

由于铸铁属于脆性材料，在没有明显屈服的情况下就会断裂，因此本试验只测其拉伸时的强度极限。类似于低碳钢拉伸试验，测量试样直径后，将试样安装到试验机上，均匀缓慢加载直到拉断。记录下最大荷载 P_b，则铸铁拉伸时的强度极限为

$$\sigma_b = \frac{P_b}{A} \tag{4-7}$$

4.1.3　材料压缩时的力学性能测定

1. 试验目的

（1）测定低碳钢压缩时的屈服极限 σ_s 和铸铁压缩时的强度极限 σ_b。

（2）观察、比较两种材料的压缩破坏现象。

2. 试验仪器及试样

（1）电子式万能材料试验机。

（2）游标卡尺。

（3）压缩试样。压缩试样通常为圆柱形，也分短、长两种（图 4-4(a)、(b)）。短试样用于测定材料抗压强度，通常规定 $1 \leqslant \dfrac{h_0}{d_0} \leqslant 3$；长试样多用于测定钢、铜等材料的弹性常数 E、μ 等。

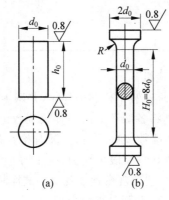

图 4-4　压缩试样

（a）短试样；（b）长试样

4-3　压缩试样

3. 试验步骤及数据处理

1）测量试样尺寸

测定试样的初始高度和直径，并记录到表 4-3 中。测定直径时，需在试样中部量取互相

垂直的两个方向的数据取平均值。

表 4-3 压缩试验原始数据记录表

材料名称	试样高度 h/mm	直径 d_0/mm			横截面面积 A/mm^2	屈服荷载 P_s/kN	最大荷载 P_b/kN
		1	2	平均			
低碳钢							—
铸铁						—	

2）调整试验机

将试样放到万能材料试验机的下压板上，注意应放在正中央。打开计算机进入试验主界面，并给试验机供电。施加荷载前，首先需要把试样与上压板的距离调整到最小（以近距离观察看不到间隙为准），其方法是根据试样与上压板的距离大小，一般先用快速挡如 200mm/min 或 500mm/min，单击"上升"按钮让下压板上的试样上升至间距 20mm 左右，再用中速挡如 50mm/min 或 100mm/min，使间距缩到 5mm 左右，最后用慢速挡如 5mm/min 或 10mm/min 使间距几乎为零（注意：每次调到位后，一定要先单击"停止"按钮，让机器停止运行后再进行后续调整）。在主界面的负荷显示窗口按"↑"或"↓"按钮进行负荷调零，此时试验机准备就绪。

3）低碳钢压缩试验

选择 1mm/min 或 2mm/min 的速度，单击"开始"按钮，试验开始。注意观察屏幕显示的压缩曲线，屈服阶段过后继续加力到强化阶段，当试样出现明显的变形时停止加力，即单击"停止"按钮，机器停止运行后，先用 10mm/min 的速度将荷载全部卸除，后用快速挡 200mm/min 或 500mm/min 把活动横梁落下。从压缩曲线上记录屈服荷载 P_s。

4）铸铁的压缩试验

准备工作和加载与低碳钢压缩试验相同。当铸铁的压缩曲线开始下降时，说明材料已达到最大荷载，接着曲线快速下降，试样断裂。此时，应立刻停止加力，即单击"停止"按钮，机器停止运行后，先用 10mm/min 的速度将荷载全部卸除，然后用快速挡 200mm/min 或 500mm/min 把活动横梁落下。从压缩曲线上记录最大荷载 P_b。

5）数据处理

根据测定的试样尺寸计算出试样的横截面面积，得

低碳钢的屈服极限

$$\sigma_s = \frac{P_s}{A} \tag{4-8}$$

铸铁的强度极限

$$\sigma_b = \frac{P_b}{A} \tag{4-9}$$

4.1.4 试验报告

（1）按表 4-1～表 4-3 的形式记录、处理试验数据。

（2）计算试验结果时，应列出公式，写出步骤。

（3）回答下列问题：

试简述低碳钢和铸铁拉、压时力学性能的异同。

测定弹性模量 E 时,为何要加初荷载,并限制最高荷载? 使用分级加载的目的是什么?

4.1.5　相关问题的分析讨论

在上述拉伸和压缩试验中,要注意观察和思考,在试验后注意研究和分析,这是提高试验教学质量、培养学生能力的重要方法。此外,一些试验中没有涉及的问题,也需要在此加以说明。

1. 材料破坏现象和断口截面位置

不同材料在拉伸及压缩时的破坏现象和规律不同。对于塑性材料,其破坏标志是出现明显的塑性变形,一般称为塑性屈服;而对于脆性材料,其破坏标志则是发生断裂,称为脆性断裂。塑性材料在过了屈服阶段后,又会获得承载能力,直至断裂。

在低碳钢拉伸试验中,到了屈服阶段后,随着拉力的锯齿状微小波动,试样上出现了称为滑移线的45°方向的条纹(图4-5)。这说明45°方向是产生塑性屈服的方向。那么,为什么会在这个方向发生破坏呢?

在铸铁拉伸和压缩试验时,能够观察到,在没有明显变形的情况下,试样分别沿横截面方向和与横截面成45°~55°的斜截面方向发生断裂(图4-6),这又是什么原因呢?

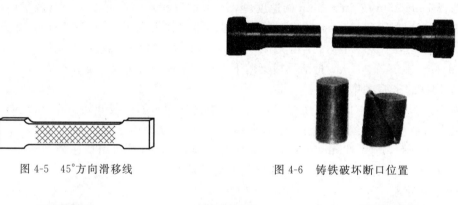

图 4-5　45°方向滑移线　　　　　　　　图 4-6　铸铁破坏断口位置

4-4　铸铁(拉)断口　　　　4-5　铸铁(压)断口　　　　4-6　低碳钢受压

对于破坏原因的分析,通常要与材料内部的受力联系起来。根据材料力学理论,单向拉伸和压缩时,在构件上与轴线成45°的斜截面上存在最大切应力,所以一般解释认为,低碳钢拉伸屈服破坏和铸铁压缩断裂破坏都是由杆件内的最大切应力引起的。关于铸铁断裂角度略大于45°的解释,有人认为,在轴向压缩发生错动时,斜截面除了受到切应力,还受到压应力作用,由于压应力作用下错动截面产生摩擦力,摩擦力与切应力方向相反,它们的共同作用产生断裂,而它们合力的最大值恰好出现在与横截面成45°~55°的斜截面方向。此外,铸铁拉伸断裂发生在横截面方向是因为拉伸时横截面方向有最大拉应力。

2. 拉伸时真实应力-应变曲线分析

在处理拉伸试验数据时,式(4-3)和式(4-4)中的横截面面积 A 都是用试验前的横截面面积。实际上,在拉伸过程中,随着试样的伸长,试样横截面面积相应减小。因此,通常称用上述公式计算出的应力为名义应力。同样,在分析拉伸过程中试样的应变时,也是按试验前测量的标距 l_0 计算的,这也与实际应变不符。因此通常也称用上述方法计算出的应变为名义应变。在测量过程的任一瞬时,名义应力、名义应变分别与真实应力、真实应变之间存在差异,进入塑性阶段后,这种差异更加明显。在试验时可以看到,颈缩后,σ-ε 曲线随着应变大幅增加,应力却出现明显下降的趋势。这种趋势显然与材料真实的应力变形规律不符。之所以出现这种现象,是由于颈缩时,局部截面收缩、受载横截面面积急剧缩小,而应力仍按原横截面面积计算造成的。那么,真实的应力-应变曲线是什么样的呢?下面进行简单的分析。

若用 S 表示真实应力,则有

$$S = \frac{P}{A}$$

其中,P 为任一瞬时的荷载;A 为与 P 相对应的该瞬时的真实横截面面积。

在均匀变形阶段,可认为试样服从体积不变原理,即 $A_0 l_0 = Al$。由此可得

$$S = \frac{P}{A} = \frac{Pl}{A_0 l_0} = \sigma(1+\varepsilon) \tag{4-10}$$

式中,σ、ε 分别为名义应力和名义应变。若用 e 表示真实应变,试样某瞬时长度为 l,变形增量为 $\mathrm{d}l$,则该瞬时应变增量为

$$\mathrm{d}e = \frac{\mathrm{d}l}{l}$$

试样由 l_0 被拉长到 l,试样的总伸长量为 $\Delta l = l - l_0$,相应的真实应变为

$$e = \int_{l_0}^{l} \frac{\mathrm{d}l}{l} = \ln \frac{l}{l_0} = \ln(1+\varepsilon) \tag{4-11}$$

上式按级数展开有

$$e = \varepsilon - \frac{\varepsilon^2}{2} + \frac{\varepsilon^3}{3} - \cdots$$

由真实应力计算公式(4-10)和真实应变计算公式(4-11)可知,在均匀变形范围内(颈缩前),S 恒大于 σ,e 恒小于 ε。在弹性变形阶段,由于 ε 很小,二者的差异也极小,没有必要加以区分,在 σ-ε 曲线上获得的有关指标是可靠的。进入塑性变形阶段后,二者的差异趋于明显,按 S-e 曲线分析金属的变形规律就很有必要了。

测定试样的 σ-ε 曲线后,在曲线上取出一组数据$(\sigma_i, \varepsilon_i)$,计算出对应的数据$(S_i, e_i)$,就可绘制出均匀变形阶段的 S-e 曲线(图 4-7)。

3. 材料延伸率的讨论

按照前述,材料的延伸率按式(4-5)计算。但实际上,试样在各微段的延伸率有很大差异。图 4-8 所示为发生颈缩时试样上各段延伸率(伸长量)。可见,在测定材料断后延伸率时,若用式(4-5)处理数据,断口位置对结果是有影响的。

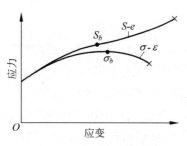

图 4-7 真实应力-应变曲线

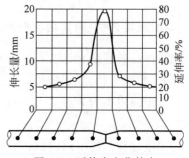

图 4-8 延伸率变化特点

为了消除这种影响,在处理数据时,应根据断口位置进行适当的修正。在试验前,用划线机在试样表面将标距长度分为 10 等分。试验后,若断口在试样中间部位,则直接按式(4-5)进行计算;若断口距标距端点不大于 $l_0/3$(图 4-9(b)、(c)),则根据《金属材料 拉伸试验第 1 部分:室温试验方法》(GB/T 228.1—2010)采用移位法测定 l_1。

移位法的要点如下:在以断口 O 为中点,在长段上取约等于短段格数得 B 点,若长段剩余的格数为偶数(图 4-9(b)),量取剩余格数的一半得 C 点,设 AB 长为 a,BC 长为 b,则 $l_1=a+2b$;若长段剩余的格数为奇数(图 4-9(c)),量取剩余格数减 1 后的一半得 C 点,加 1 后的一半得 C_1 点,设 AB 长为 a,BC 长为 b_1,BC_1 长为 b_2,则 $l_1=a+b_1+b_2$。若断口非常接近标距端点,甚至在标距外,则试验结果无效,必须重做试验。此外,需注意以上讨论的均是平均延伸率的计算方法。

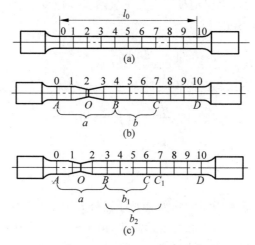

图 4-9 拉断延伸率修正图

(a) 原试样;(b) 剩余格数为偶数;(c) 剩余格数为奇数

4. 弹性模量 E 和泊松比 μ 的电测法测定

前面介绍的测定弹性模量 E 的方法是借助于机械式引伸仪进行的。同一测量也可用电测法完成。而且,用电测法可以较为准确地测定材料的泊松比 μ。由于要在试样上粘贴应变片,一般采用矩形截面试样,图 4-10 为试样及贴片方式。在试样前、后两面的轴向分别粘贴两枚纵向应变片 R_1 和 R_3,在横向分别粘贴两枚横向应变片 R_2 和 R_4。补偿片 R_0 贴在补偿块上。测量弹性模量 E 时,采用图 4-10(b)所示的串联半桥接法,可同时消除荷载 P

偏心的影响。这时应变仪的读数 ε_r 就是试样的轴向应变,即

$$\varepsilon_r = \varepsilon$$

弹性模量为

$$E = \frac{\sigma}{\varepsilon} = \frac{P}{A_0\varepsilon}$$

可采用同样的方法测出横向应变 ε',则

$$\mu = \left|\frac{\varepsilon'}{\varepsilon}\right|$$

为了测量准确,一般将荷载 P 从初荷载 P_0 到最大荷载 P_n 分成 n 级,记录每一荷载 P_i 时的纵向应变 ε_i 和横向应变 ε_i';计算增量,平均后用于计算弹性模量 E 和泊松比 μ。

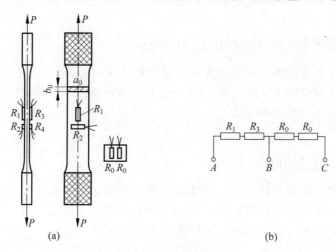

图 4-10   拉伸试样及贴片方式
(a)拉伸试样及布片;(b)应变片接桥

5. 名义屈服极限 $\sigma_{0.2}$ 的测量

大多数工程材料的拉伸曲线并不像低碳钢和铸铁那样典型,拉伸过程既不像低碳钢那么复杂,也不像铸铁那么简单。这类材料有一定的塑性,但没有明显的屈服点,从弹性到塑性是光滑过渡的。黄铜、硬铝等材料就属于这种类型。由于没有明显的屈服阶段,这类材料的屈服强度只能用规定塑性变形量的办法来测定。工程上常用产生 0.2% 的塑性应变时的应力作为屈服极限,称为名义屈服极限,用 $\sigma_{0.2}$ 来表示。$\sigma_{0.2}$ 和 σ_s 一样,也是材料的重要强度指标。当工作应力超过 $\sigma_{0.2}$ 时,即认为构件发生破坏。

用图解法测定 $\sigma_{0.2}$ 是工程中常用的方法。图解法是首先用自动记录的方法精确记录试样的 σ-ε 曲线,再根据卸载规律在 ε 坐标上的 0.2% 处,作平行于弹性阶段的斜直线的射线,与 σ-ε 曲线的交点对应的应力值就是 $\sigma_{0.2}$,如图 4-11 所示。为了精确地测量 σ-ε 曲线,一般用电子万能材料试验机进行测量,用荷载传感器记录荷载,用变形传感器记录试样伸长,通过计算机或 x-y 记录仪绘出曲线。试验时,要先标定 x、y 轴(应变、应力)。

图 4-11 $\sigma_{0.2}$ 的测定

4.2 材料在扭转时的力学性能测定试验

在机械工程中，许多传动零件都是在扭转受力条件下工作的。测定材料在扭转时的力学性能，对轴类零件的设计计算和选材具有实际意义。

4.2.1 预习要求

参看材料力学教材中有关圆轴扭转应力和变形分析的内容，预习本节，复习2.4节，并完成以下问题。

（1）推导测量低碳钢剪切屈服极限 τ_s 计算公式：$\tau_s = \dfrac{3T_s}{4W_p}$；

（2）简述测量低碳钢剪切弹性模量 G 的原理和步骤。

注：必须在试验前完成预习要求，填写试验报告第一项至第四项（预习回答问题可任选上述一题），经检查后方能参加试验。

4.2.2 试验目的

（1）测定低碳钢的剪切弹性模量 G，验证扭转变形公式。

（2）测定低碳钢的剪切屈服极限 τ_s、低碳钢和铸铁的剪切强度极限 τ_b。

（3）比较低碳钢和铸铁的扭转变形和破坏规律。

4.2.3 试验设备及试样

（1）扭转试验机。

（2）扭转测 G 试验装置或扭角仪。

4-7 扭转试样

（3）游标卡尺。

（4）试样。扭转试样一般为圆截面（图4-12）。安装扭角仪的 A、B 两截面的距离 l_0 称为标距。试验前，在低碳钢试样表面画上两条纵向线和多圈圆周线，以便观察扭转变形。

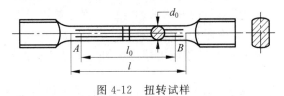

图 4-12 扭转试样

4.2.4 试验原理及方法

无论是验证扭转变形公式，还是测定剪切弹性模量 G，都需要准确测量试样的扭转角，通常用扭角仪进行测量。扭角仪的构造原理及安装示意图如图4-13所示。扭角仪安装在试样 A、B 两截面上后，用定位螺钉旋紧，同时通过 A 处连接的推杆顶住 B 处连接的百分表顶尖,使百分表有一定的预位移。当试样扭转变形时,若百分表指示的顶尖处位移为 δ,则根据图 4-13(b)可得,A、B 两截面间扭转角为 $\phi = \dfrac{\delta}{b}$。

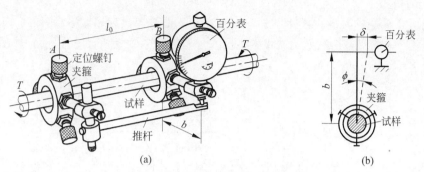

图 4-13　扭角仪的构造原理及安装示意图
(a) 扭角仪构造及安装;(b) 扭角仪测 ϕ 原理

在剪切比例极限范围内,圆轴扭转变形公式为 $\phi = \dfrac{Tl}{GI_{\mathrm{p}}}$。式中,$T$ 为扭矩,等于扭转试验机加于试样上的扭转外力偶矩;I_{p} 为圆截面试样的极惯性矩。

可见,扭矩 T 与扭转角成正比。试验时,测定不同的扭转角和对应的扭矩 T,即可验证两者是否存在线性关系。

1. 剪切弹性模量 G 的测定

用低碳钢试样进行试验时,取初扭矩 T_0,在比例极限内的最大试验扭矩为 T_n,从 T_0 到 T_n 分成 n 级加载,每级扭矩增量为 ΔT,如图 4-14 所示。

$$\Delta T = \frac{T_n - T_0}{n}$$

与 ΔT 相对应的扭转角增量为 $\Delta \phi$。则由上述扭转角计算公式可变为求解 G 的公式:

$$G = \frac{\Delta T l_0}{I_{\mathrm{p}} \Delta \phi} \qquad (4\text{-}12)$$

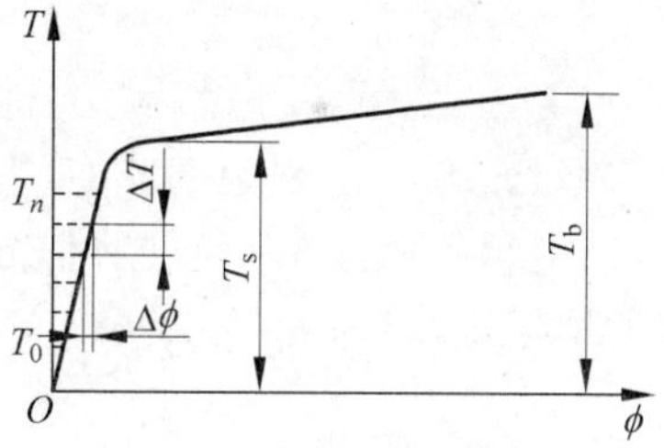

图 4-14　低碳钢扭转图

若取 n 次加载获得的 $\Delta \phi$ 的平均值

$$\Delta \phi_{\mathrm{m}} = \frac{1}{n} \sum_{i=1}^{n} (\phi_i - \phi_{i-1})$$

取代式(4-12)中的 $\Delta \phi$,可得试验测得的平均剪切弹性模量 G。为了提高测量精度,可以反复测量三遍取平均值。

试验时,也可用专用于教学的 NY-4 扭转测 G 试验装置测定材料的剪切弹性模量 G,其试验原理和过程与上述方法基本相同,加载方式为砝码加载,操作更简便。

2. 低碳钢剪切屈服极限 τ_{s} 和剪切强度极限 τ_{b} 的测定

一般在扭转试验机上测定剪切屈服极限 τ_{s} 和剪切强度极限 τ_{b}。在加载的全过程中,试验机操作界面坐标图记录下 T-ϕ 曲线,如图 4-14 所示。在剪切比例极限范围内,T 与 ϕ 呈线性关系，横截面上切应力沿半径线性分布(图 4-15(a))。随着 T 的增大，横截面边缘上的切应力首先达到剪切屈服极限 τ_s，进入屈服阶段，而且塑性区逐渐向圆心扩展，形成环形塑性区(图 4-15(b))，但中心部分仍然是弹性的，所以 T 仍可增大，T 与 ϕ 的关系变为曲线，直到整个截面几乎都成为塑性区(图 4-15(c))，在 T-ϕ 曲线上出现屈服平台(图 4-14)，平台对应的扭矩为 T_s，此时整个截面为塑性区。

理论上，T_s 与 τ_s 的关系为

$$T_s = \frac{4}{3} W_p \tau_s \tag{4-13}$$

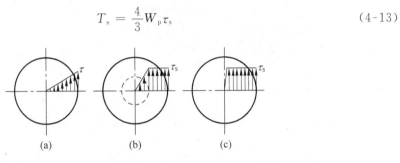

图 4-15　低碳钢圆轴扭转应力分布
(a) 弹性变形阶段；(b) 部分塑性阶段；(c) 完全塑性阶段

由于在测量时，只有横截面上全部点进入塑性区时，才能观察到屈服现象(在 T-ϕ 曲线上出现屈服平台)，因此测量时以此刻作为采集数据的依据，读出 T_s。

过了屈服阶段后，材料的强化使扭矩又有缓慢地上升，但变形非常明显，试样上试验前画的纵向线变为螺旋线。直到扭矩达到极限值 T_b，试样被扭断，断口沿横截面方向。与 T_b 对应的剪切强度极限 τ_b 由下式计算：

$$\tau_b = \frac{3 T_b}{4 W_p} \tag{4-14}$$

但是，为了使测定的指标具有可比性，根据《金属材料 室温扭转试验方法》(GB/T 10128—2007)的规定，扭转时仍分别采用下面两式来计算屈服极限和强度极限。这样计算出的结果比实际值要大一些。

$$\tau_s = \frac{T_s}{W_p} \tag{4-15}$$

$$\tau_b = \frac{T_b}{W_p} \tag{4-16}$$

3. 铸铁剪切强度极限 τ_b 的测定

铸铁试样受扭时，变形很小即被扭断。断口沿与横截面成 $45°$ 的受拉螺旋面方向。其 T-ϕ 曲线图接近直线，剪切强度极限 τ_b 可按下式计算：

$$\tau_b = \frac{T_b}{W_p} \tag{4-17}$$

4.2.5　试验报告

(1) 按表 4-4 和表 4-5 记录、处理试验数据。

表 4-4 测量剪切弹性模量 G 数据记录表

	第一级	第二级	第三级	第四级	第五级	第六级
荷载/N						
百分表读数/格						
读数增量/格						

表 4-5 扭转试验原始数据记录表

材料名称	直径 d_0/mm									抗扭截面模量 W_P/mm³	屈服荷载 T_{sL}/(N·m)	破坏荷载 T_b/(N·m)
	位置一			位置二			位置三					
	1	2	均	1	2	均	1	2	均			
低碳钢												
铸铁												

（2）计算试验结果时，应列出公式，写出步骤。

（3）回答问题：试比较低碳钢和铸铁试样受扭时的破坏现象，并分析原因。

4.2.6 相关问题的分析讨论

1. 破坏现象及断口截面位置

低碳钢试样和铸铁试样在断裂时的断口形式完全不同。低碳钢试样的断口为横截面方向的平面断口（图 4-16(a)），而铸铁试样的断口约为 45°方向的螺旋面（图 4-16(b)）。为什么会出现这样的现象？两种材料的性质有什么不同？

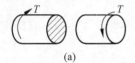 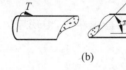

图 4-16 扭转断裂破坏位置 4-8 扭转试样断口
（a）低碳钢试样的断口形式；（b）铸铁试样的断口形式

根据材料力学理论，扭转时圆杆试样上各点处于纯剪切应力状态，如图 4-17 所示。若从试样表面任一点取单元体，其横截面方向具有最大切应力，而在 ±45°方向存在最大正应力，其中最大拉应力恰好作用在铸铁扭转断裂破坏的斜截面上（图 4-17(b)）。可见，低碳钢试样的断口为横截面方向，可推断破坏是由最大切应力引起，这也说明低碳钢（塑性材料）的抗剪能力低于抗拉能力；铸铁试样的断口为 45°方向的螺旋面方向，可推断破坏是由最大拉应力引起的，说明铸铁（脆性材料）的抗拉能力低于抗压和抗剪能力。由此可知，材料在受力时，破坏现象与破坏原因密切相关。通过观察试验破坏现象，可以分析破坏原因，进而提出解释破坏原因的理论依据。

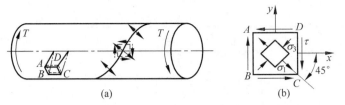

图 4-17　圆杆扭转时的应力分布

(a) 受扭转试件；(b) 应力状态

2. 塑性变形对扭转应力及分布的影响

当低碳钢在弹性范围内发生扭转变形时，切应力和切应变的关系服从剪切胡克定律，保持线性关系。此时扭矩 T 与扭转角有如下关系：

$$\phi = \frac{Tl}{GI_p} \tag{4-18}$$

若圆轴的标距长（或扭角仪 A、B 两截面距离）为 l_0，半径为 R，则表面上任一点的切应变为

$$\gamma = \frac{\phi R}{l_0} \tag{4-19}$$

可见，在弹性范围内发生变形时，表面上的切应变与扭矩呈线性关系。横截面上各点的切应变和切应力一样，也保持线性分布特点（图 4-18(a)）。

当低碳钢表层进入塑性区后，假设材料是理想弹塑性的（即应力应变关系，如图 4-19 所示），进入塑性区部分的切应力均等于 τ_s，且设塑性区与弹性区交界面半径为 r（图 4-15(b)），根据内力 T 与应力 τ 的关系，有

$$T = \int_A \rho \tau_\rho \mathrm{d}A = \int_0^r \tau(\rho) 2\pi\rho^2 \mathrm{d}\rho + \int_r^R \tau_s 2\pi\rho^2 \mathrm{d}\rho = \frac{\pi\tau_s}{6}(4R^3 - r^3) \tag{4-20}$$

式中，$\tau(\rho) = \frac{\rho}{r}\tau_s$，$\mathrm{d}A = 2\pi\rho\mathrm{d}\rho$。

此时，横截面上的切应变分布仍然是线性的，但切应力分布不再是线性的。真实的分布情况如图 4-18(b) 所示。

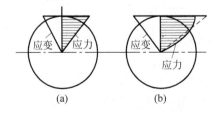 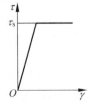

图 4-18　横截面上应力和应变分布　　　　图 4-19　理想弹塑性应力应变关系

(a) 弹性区应力、应变分布；(b) 塑性区应力、应变分布

当扭矩逐渐增大到截面几乎全部变为塑性区时，式（4-20）中 $r=0$，$T = \frac{2\pi R^3 \tau_s}{3}$，即

$$\tau_s = \frac{3T}{2\pi R^3} = \frac{3T}{4W_p} \tag{4-21}$$

可见，式（4-21）就是前面提到的剪切屈服极限的计算公式（4-13）。

4.3 纯弯曲正应力测定试验

电测法是应力、应变测量中最常用的方法,其方法简便,技术成熟,已经成为工程中不可缺少的测量手段。纯弯曲时,正应力在横截面上线性分布,是弯曲中最简单的应力情况。用电测法测定纯弯曲梁上的正应力,不仅可以验证材料力学理论,也可以熟悉电测法测量的原理、操作方法和注意的问题,为复杂的试验应力分析打下基础。

4.3.1 预习要求

预习本节,并复习第 3 章有关内容,回答以下问题:

(1) 使用 XL2118A16(U)静态电阻应变仪测量前,应根据使用情况做哪些设置?

(2) 采用半桥接法进行弯曲正应力测量时,如何进行温度补偿?说明原理。

注: 必须在试验前完成预习要求,填写试验报告第一项至第四项,经指导老师检查后方能参加试验。

4.3.2 试验目的

(1) 初步掌握电测应力分析方法,学习电测布片、接线和仪器的使用方法。

(2) 测定梁在纯弯曲下的弯曲正应力及分布规律,验证理论公式。

4.3.3 试验设备

(1) 纯弯曲正应力试验台,如图 4-20 所示。

(2) XL2118A16(U)静态电阻应变仪。

图 4-20 纯弯曲正应力试验台

4.3.4 试验原理及方法

如图 4-21(a)所示,纯弯曲梁在荷载 P 作用下,梁的 CD 段为纯弯曲变形。沿梁横截面的高度方向每隔 $\frac{h}{4}$ 高度粘贴平行于轴线的测量应变片,共 5 片,其中第 3 片在中性层上。另外,用同质材料做温度补偿块,其上贴一公共温度补偿应变片。每一测量应变片与公共温度补偿片按图 4-21(b)所示的接法接为 1/4 桥测量系统。梁受到 P 作用后,产生弯曲变形。通过电阻应变仪测出荷载作用下 5 个点处的应变,由于是单向拉压变形,由胡克定律 $\sigma = E\varepsilon$ 即可算出各点的应力值。

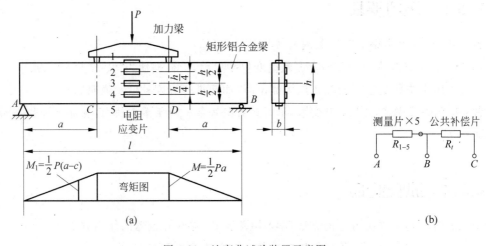

图 4-21　纯弯曲试验装置示意图

(a) 纯弯曲梁及布片；(b) 应变片接桥

另一方面,由弯曲正应力理论公式 $\sigma = \dfrac{My}{I_z}$,可算出各点的应力理论值。于是可将实测值和理论值进行比较,验证理论公式的正确性。

试验时,荷载由旋转手轮通过加载机构实现,荷载大小由力传感器测量,并在电阻应变仪力值窗口实时显示。加载分四级,每增加一级产生力 P 的增量 ΔP。每加一级后测出 5 个点的应变,最后分别取力和应变的增量平均值计算其理论值和试验值。

4.3.5 试验步骤

(1) 检查调整纯弯曲梁使各部件和连接处于正确位置,打开电阻应变仪开关设置各参数。

(2) 接桥练习。参照表 4-6 组桥,四种方式全部为半桥。在电阻应变仪上选择任一电桥如 CH_1,每种方式都是将两枚应变片分别连接到应变仪通道 CH_1 的 A/B 和 B/C 上；桥路选择端的 A/D 点悬空,通道 CH_1 上的 B 和 B_1 短路片断开,桥路选择短接线连接到 D_2/D_3 点,并将所有螺钉旋紧,如图 4-22 所示。

按 3.5 节电阻应变仪的使用方法进行调平衡,平衡后加力 300N 读取应变。读数时数字前"－"表示压应变,"＋"表示拉应变。

接桥练习测试后,将所有应变片连线从电阻应变仪电桥上拆除,并讨论结果。

（3）正式测量。按 1/4 桥方式接桥,即将 5 个测点的 5 枚应变片按照从 1～5 的顺序分别接到电阻应变仪 CH_1、CH_2、CH_3、CH_4、CH_5 通道的 A/B 上,5 个测点上的 B 和 B_1 用短路片短接;温度补偿应变片连接到桥路选择端的 A/D 上,桥路选择短接线将 D_1/D_2 短接,并将所有螺钉旋紧,如图 4-23 所示。

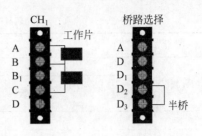

图 4-22 接桥练习桥路接法

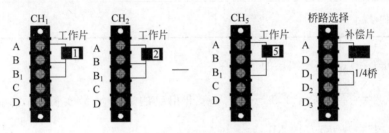

图 4-23 测量应力桥路接法

接线后调平衡,可以选择所有点一次进行调平衡。

（4）平衡后分级加荷载,每加一级后从应变仪上读出 5 个点的应变,按表 4-7 记录数据。

（5）结束试验。试验完毕,卸掉荷载,关闭应变仪电源,将各应变片接线取下。

表 4-6　接桥练习

序号	1	2	3	4
接桥方式				
应变仪输出				

注：表中 R_1 和 R_5 是纯弯曲梁上最上和最下两枚应变片,R_x 是 R_2、R_3 和 R_4 三枚应变片中的任意一枚。

4.3.6　数据处理及试验报告

（1）记录和处理试验数据（表 4-7）。

表 4-7　弯曲试验原始数据记录表

编号	1		2		3		4		5	
荷载/N	测点应变/$\mu\varepsilon$									
	读数	增量 $\Delta\varepsilon_1$	读数	增量 $\Delta\varepsilon_2$	读数	增量 $\Delta\varepsilon_3$	读数	增量 $\Delta\varepsilon_4$	读数	增量 $\Delta\varepsilon_5$
300										
600										
900										
1200										
$\Delta P=$ 300N	平均增量		—		—		—		—	

（2）对每个测点求应变增量的平均值。

由 $\Delta\varepsilon_m = \dfrac{\sum \Delta\varepsilon_i}{3}$（$m=1,2,\cdots,5$），算出相应的应力增量实测值 $\Delta\sigma_{m测} = E\Delta\varepsilon_m \times 10^{-6}$（MPa）。其中，$E=7\times 10^4$ MPa。

（3）用式 $\Delta M = \dfrac{1}{2}\Delta Pa$ 求弯曲段（CD 段）内的弯矩增量。

由公式 $\Delta\sigma_{m理} = \dfrac{\Delta M}{I_z}y$ 求出各测点的理论值，式中，$I_z = \dfrac{bh^3}{12}$。

（4）对每个测点列表比较 $\Delta\sigma_{m测}$ 和 $\Delta\sigma_{m理}$，并计算相对误差。

$$\varepsilon_\sigma = \frac{\Delta\sigma_{m测} - \Delta\sigma_{m理}}{\Delta\sigma_{m理}} \times 100\%$$

在梁的中性层（第 3 点），因 $\Delta\sigma_{m理}=0$，故只需计算绝对误差。

（5）对接桥练习结果进行讨论，写入试验报告"思考题"中，并思考下面的问题：

实测和理论计算弯曲正应力分布规律如何？是否相同？

4.3.7　相关问题的分析讨论

1. 电测法数据的可靠性问题

电测法利用电阻应变片将非电量-线应变转变为电量-电阻，测量应变的精度达到 10^{-6}，是一种精度很高的测试方法。在试验中，为了保证测量的可靠性，采用温度补偿片解决温度引起的温度应力问题；测量时不要接触导线，避免仪器振动，先预热应变仪等。但是，电测法这种高灵敏度测量方法对外界环境的变化非常敏感，任何一点的变化都会使输出结果产生变化。如果有实测的经历就会发现，随机干扰因素很多，刚刚预调平衡的一个测点，当旋钮转过去再转回来时，几秒钟之后又不平衡了，往往需要多次反复调试，才能将所有测点调平；有时虽经多次反复却无法调平，只好保留原始误差开始测量。在实测时还会发现，同一个试验装置，同样的仪器和接线，不同的试验小组测量结果也不同，甚至存在明显区别,那么哪一组数据更可靠呢？这些问题是试验中必然遇到的问题,也是必须解决的问题。

电测法测量环节多。要保证测量的可靠性,首先从试验测试的全过程上,无论是贴片、接桥、预调,还是测试、计算环节都应严格按照操作规程要求进行,遇到明显不符合实际的测试结果,必须查找原因,待解决后重新测试；其次,从测量环节上,由于测量过程包括从非电量到电量转换、将微弱信号放大、再转换成应变表示的步骤,每一个环节有外界干扰都会反映到测量数据上,因此要尽量避免出现可能引起干扰的因素。如为了不出现电磁干扰,导线应固定,试验时避免触碰和挪动导线,仪器放置要稳固,并避免环境振动,如测试在振动环境下进行,要采取仪器隔振措施。另外,电源最好配有稳压器。

在实际测试时,除了前面提到的各种防范措施,解决误差最有效的办法是反复多次测试。通常要求同一测试过程重复 3 次,按 3 次平均计算,或按 3 次中数据最规范的一次计算。若发现某一点数据异常,应重新测试。若重做后数据依旧,则应检查贴片、接线、调平等情况。若几次测量数据均不正常,且数据分散,则应考虑铲除原有应变片后重新贴片。判断数据可靠性的方法并不是关注每一次测量的具体值,而是关注相同荷载增量下的应变增量是否同步递增。

2. 偏心拉(压)试验简介

与纯弯曲梁横截面应力状况和分布规律类似,当杆件受到偏心拉伸(压缩)时,其横截面上只有正应力,且是线性分布的。可以设计一个试验,测定偏心拉(压)试样某横截面上的应力分布,并依据测量结果确定外载 P 和偏心距。

偏心拉(压)实际上是拉(压)与纯弯曲的组合,由于拉(压)和纯弯曲时横截面上只有正应力存在,经过叠加后横截面上只有正应力,且为线性分布。因此只要能够测出正应力的分布规律,确定中性轴位置,就可求出外载和作用点位置。根据受力的不同,偏心拉(压)有单向偏心拉(压)(图 4-24(a))和双向偏心拉(压)(图 4-24(b))两种情况,测试时设计的贴片部位也不同。请自己设计布贴应变片,并确定组桥方式。试验可用电子万能材料试验机加载。

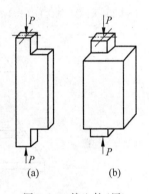

图 4-24 偏心拉(压)
(a) 单向偏心拉(压)；
(b) 双向偏心拉(压)

4.4 弯扭组合变形主应力测定试验

复杂受力情况下的应力、应变分析是试验应力分析主要解决的问题。在工程实际中,构件的受力条件和工作状态往往是非常复杂的,为了保证所设计的结构物和零部件的可靠性,在进行理论设计的基础上,经常需要对重要部件进行试验验证。试验应力分析是最常用的试验手段之一。在结构物和零部件使用一段时间后,可借助试验应力分析方法确定其工作的可靠性和工作状态。本节以弯扭组合变形为具体模型进行介绍。

4.4.1　预习要求

（1）复习第 3 章电测应力分析的基本原理和仪器使用方法。

（2）掌握本试验中用应变花测定主应力的试验原理和测量过程。

注：必须在试验前完成预习要求，填写试验报告第一项至第四项，经指导老师检查后方能参加试验。

4.4.2　试验目的

（1）了解采用电测法测定平面应力状态下一点处的主应力和主方向的原理和方法。

（2）用电测法测定薄壁圆管试样在弯、扭组合受力下，试样表面某点的主应力大小和方向。

（3）与理论公式计算出的该点主应力的大小和方向进行比较。

4.4.3　试验装置及设备

（1）薄壁圆管弯扭组合试验台，如图 4-25 所示。

（2）XL2118A16（U）静态数字电阻应变仪。

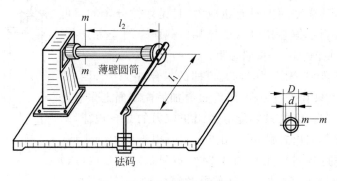

图 4-25　弯扭组合试验装置

4.4.4　试验原理

1. 弯扭组合变形应力理论分析

薄壁圆管弯扭受力分析如图 4-26 所示。

薄壁圆管试样的左端为固定端，右端为自由端，如图 4-26(a)所示。砝码通过加力杆使试样自由端同时受到集中力 P（产生弯曲变形）和集中力偶 M_e（$M_e = Pl_1$，产生扭转变形）的作用，产生弯扭组合变形。其中 P 为砝码的质量。

在薄壁圆管试样贴应变片的 m—m 截面上的扭矩 T 和弯矩 M 分别为

$$T = M_e = Pl_1 \qquad\qquad (4\text{-}22)$$

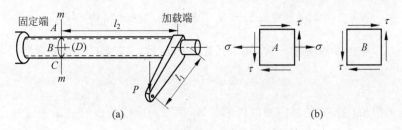

图 4-26　薄壁圆管弯扭受力分析

(a) 薄壁圆管受力图；(b) A、B 点应力状态

$$M = Pl_2 \tag{4-23}$$

A 点和 B 点的应力状态如图 4-26(b)所示，切应力 τ 和正应力 σ 由式(4-24)确定：

$$\left.\begin{aligned} \tau &= \frac{T}{W_p} \\ \sigma &= \frac{M}{W_z} \end{aligned}\right\} \tag{4-24}$$

式中

$$W_p = 2W_z = \frac{\pi D^3}{16}\left[1 - \left(\frac{d}{D}\right)^4\right] \tag{4-25}$$

由主应力和主方向计算公式得 A 点主应力大小和主方向：

$$\begin{aligned}\sigma_{\max} \\ \sigma_{\min}\end{aligned} = \frac{\sigma}{2} \pm \frac{1}{2}\sqrt{\sigma^2 + 4\tau^2} \tag{4-26}$$

$$\tan 2\alpha_0 = -\frac{2\tau}{\sigma} \tag{4-27}$$

B 点为纯剪切应力状态，所以主应力大小相同，且等于 τ，主应力方向为 $45°$。

2. 平面应力状态下主应力的测量原理

对于二向应力状态，由广义胡克定律可知，单元体沿互相垂直的 x、y 方向的正应变为

$$\left.\begin{aligned} \varepsilon_x &= \frac{1}{E}(\sigma_x - \mu\sigma_y) \\ \varepsilon_y &= \frac{1}{E}(\sigma_y - \mu\sigma_x) \end{aligned}\right\} \tag{4-28}$$

切应变为

$$\gamma_{xy} = \frac{\tau_{xy}}{G} = \frac{2(1+\mu)}{E}\tau_{xy} \tag{4-29}$$

而与 x 轴夹角为 α 和 $\beta = \alpha + 90°$ 的相互垂直的两斜截面上的应力为

$$\left.\begin{aligned} \sigma_\alpha &= \frac{\sigma_x + \sigma_y}{2} + \frac{\sigma_x - \sigma_y}{2}\cos 2\alpha - \tau_{xy}\sin 2\alpha \\ \sigma_\beta &= \frac{\sigma_x + \sigma_y}{2} - \frac{\sigma_x - \sigma_y}{2}\cos 2\alpha + \tau_{xy}\sin 2\alpha \end{aligned}\right\} \tag{4-30}$$

因 σ_α、σ_β 互相垂直，故满足广义胡克定律。将上述两式代入前式，整理得任意斜截面上的应变为

$$\varepsilon_a = \frac{\varepsilon_x + \varepsilon_y}{2} + \frac{\varepsilon_x - \varepsilon_y}{2}\cos 2\alpha - \frac{\gamma_{xy}}{2}\sin 2\alpha \tag{4-31}$$

对式(4-31)中的 α 求一阶导数，并令其等于 0，可得正应变的极值位置为

$$\tan 2\alpha_0 = -\frac{\gamma_{xy}}{\varepsilon_x - \varepsilon_y} \tag{4-32}$$

正应变的极值位置就是正应力的极值位置，所以正应变的极值就是主应变。将 α_0 代入式(4-31)可确定对应于主应力的主应变的大小，即

$$\varepsilon_{1,2} = \frac{\varepsilon_x + \varepsilon_y}{2} \pm \frac{1}{2}\sqrt{(\varepsilon_x - \varepsilon_y)^2 + \gamma_{xy}^2} \tag{4-33}$$

将主应变代入广义胡克定律即可求得主应力 σ_1 和 σ_2：

$$\left.\begin{aligned}\sigma_1 &= \frac{E}{1-\mu^2}(\varepsilon_1 + \mu\varepsilon_2) \\ \sigma_2 &= \frac{E}{1-\mu^2}(\varepsilon_2 + \mu\varepsilon_1)\end{aligned}\right\} \tag{4-34}$$

可见，对于一般平面应力状态，只要测出一点处的应变 ε_x、ε_y、γ_{xy}，即可确定该点处主应变的大小和方向，进而可用广义胡克定律确定该点处的主应力及主方向。但 γ_{xy} 不易测定，通常先测定该点处选定 3 个方向上的正应变 ε_{α_1}、ε_{α_2}、ε_{α_3}，代入任意斜截面的应变计算公式(4-31)，求出 ε_x、ε_y、γ_{xy}。例如，本试验中，薄壁圆管试样 m—m 截面上 A（或 C）点，在 $\alpha_1 = 0°$，$\alpha_2 = 45°$，$\alpha_3 = 90°$ 等角度粘贴 3 枚电阻应变片，通过电阻应变仪测量出 3 个方向的应变，则由式(4-31)解得

$$\begin{cases} \varepsilon_x = \varepsilon_{0°} \\ \varepsilon_y = \varepsilon_{90°} \\ \gamma_{xy} = \varepsilon_{0°} + \varepsilon_{90°} - 2\varepsilon_{45°} \end{cases}$$

因此，由式(4-32)和式(4-33)得主应变的大小和方向为

$$\left.\begin{aligned}\varepsilon_{1,2} &= \frac{\varepsilon_{0°} + \varepsilon_{90°}}{2} \pm \frac{\sqrt{2}}{2}\sqrt{(\varepsilon_{0°} - \varepsilon_{45°})^2 + (\varepsilon_{45°} - \varepsilon_{90°})^2} \\ \tan 2\alpha_0 &= \frac{2\varepsilon_{45°} - \varepsilon_{0°} - \varepsilon_{90°}}{\varepsilon_{0°} - \varepsilon_{90°}}\end{aligned}\right\} \tag{4-35}$$

代入式(4-34)可得主应力和主方向。主应力为

$$\sigma_{1,2} = \frac{E(\varepsilon_{0°} + \varepsilon_{90°})}{2(1-\mu)} \pm \frac{\sqrt{2}E}{2(1+\mu)}\sqrt{(\varepsilon_{0°} - \varepsilon_{45°})^2 + (\varepsilon_{45°} - \varepsilon_{90°})^2} \tag{4-36}$$

主方向就是主应变方向。

为了便于测量和计算，将 3 个应变片按照特殊的角度制造在一起，构成应变花。本试验用上面介绍的由夹角为 0°、45°、90° 的 3 个应变片组成的应变花（称为 45°应变花）进行试验，如图 4-27 所示。所以采用 45°应变花测量 A 点，贴片如图 4-28(a)所示。

因为薄壁圆管试样 m—m 截面上的 B（或 D）点处于纯剪切应力状态，所以主应力大小相同，已知主应力方向为 45°，所以在 $\pm 45°$ 方向各粘贴一枚电阻应变片或直角应变花即可，如图 4-28(b)所示。测量出 $\pm\varepsilon_{45°}$，即为主应变 $\varepsilon_{1,2}$，根据广义胡克定律求出主应力 σ_1 即可。

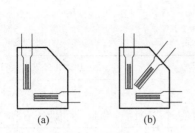

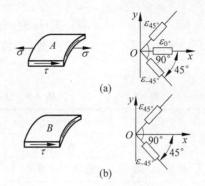

图 4-27　电阻应变花

（a）直角应变花；（b）45°应变花

图 4-28　测点应力及贴片示意图

（a）测点 A 应力及贴片；（b）测点 B 应力及贴片

4-9　应变花 1　　　　　4-10　应变花 2　　　　　4-11　应变花 3

4.4.5　试验步骤

（1）调整各加力杆位置，测量并记录有关尺寸和参数于表 4-8 中。

表 4-8　试验装置基本参数表

项 目 名 称	l_1/mm	l_2/mm	D/mm	d/mm	E/GPa	μ
数据						

（2）打开电阻应变仪电源，按其使用方法进行系统和灵敏度设定。

（3）按 1/4 桥将贴在测点 A 处的应变花上的 3 个应变片按照 $+45°$ 应变片、$0°$ 应变片、$-45°$ 应变片分别接到电阻应变仪 CH_1、CH_2、CH_3 通道的 A/B 上。测点 B 处的 2 个应变片按照 $+45°$ 应变片、$-45°$ 应变片顺序分别接到电阻应变仪 CH_4、CH_5 通道的 A/B 上，5 个测点上的 B 和 B_1 用短路片短接。

补偿块应变片接到电阻应变仪桥路选择 A/D 上，桥路选择短接线将 D_1/D_2 短接，并将所有螺钉旋紧，如图 4-29 所示。

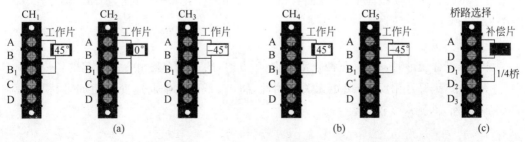

图 4-29　测点 A、B 的桥路接法

（a）测点 A 的桥路接法；（b）测点 B 的桥路接法；（c）补偿片接法及桥路选择

（4）对 CH_1、CH_2、CH_3、CH_4、CH_5 通道进行预调平衡（可以选择所有点一次进行）。

（5）分四级加荷载，每加一级荷载后，读出 CH_1、CH_2、CH_3、CH_4、CH_5 中的应变读数，并记入表 4-9 中。

表 4-9　试验数据记录表

荷载 Q/N	A 点						B 点			
	$\varepsilon_{45°}/\mu\varepsilon$		$\varepsilon_{0°}/\mu\varepsilon$		$\varepsilon_{-45°}/\mu\varepsilon$		$\varepsilon_{45°}/\mu\varepsilon$		$\varepsilon_{-45°}/\mu\varepsilon$	
	读数	增量	读数	增量	读数	增量	读数	增量	读数	增量
10										
20										
30										
40										
平均增量										

4.4.6　试验报告

（1）按表 4-9 记录和处理试验数据。

（2）当荷载 $P=10\mathrm{N}$ 时，根据试验数据计算测点 A 和 B 处的主应力和主方向。

（3）当荷载 $P=10\mathrm{N}$ 时，计算测点 A 和 B 处主应力和主方向的理论值，并与试验值比较。

（4）试想：一般情况下，测平面应力状态一点主应力最少需要几个应变片或应变花？应变片选取不同的方向对测试结果有无影响？

4.4.7　相关问题的分析讨论

1. 通过试验确定横截面上的内力

在弯扭组合变形情况下，横截面上存在弯矩、剪力和扭矩。可以通过测量确定横截面上的弯矩和扭矩。若应变花贴在圆管上、下侧，则剪力引起的切应力在此处为 0，可以不考虑其作用。在圆管 m—m 截面上、下表面各贴一个直角应变花，贴片方向为 $-45°$、$0°$、$+45°$，如图 4-28(a)所示。

1）测定弯矩

当弯扭组合变形时，在上、下两点沿轴向（$0°$方向）的正应力是由弯曲引起的拉应力和压应力，大小相等，符号相反，与扭矩无关。因此，将上、下两点轴向应变片组成半桥接法，如图 4-30(a)所示，则应变仪读数

$$\varepsilon_r = (\varepsilon_{0°} + \varepsilon_t) - (\varepsilon'_{0°} + \varepsilon_t) = 2\varepsilon_{0°} \tag{4-37}$$

式中，ε_t 为温度引起的应变，$\varepsilon_{0°}$、$\varepsilon'_{0°}$ 为上、下点的应变绝对值。则该截面上的最大正应力为

$$\sigma = E\varepsilon_{0°} = \frac{E\varepsilon_r}{2} \tag{4-38}$$

根据材料力学理论,截面上的最大弯曲正应力为

$$\sigma = \frac{MD}{2I_z} = \frac{32MD}{\pi(D^4 - d^4)} \tag{4-39}$$

令两式相等,得横截面上的弯矩为

$$M = \frac{E\pi(D^4 - d^4)}{64D}\varepsilon_r \tag{4-40}$$

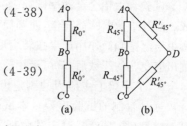

图 4-30　测内力电桥接法

(a) 半桥接法；(b) 全桥接法

2) 测定扭矩

当圆管受纯扭转时,上、下两点应变花中的±45°方向应变片都是沿主应力方向,4 个应变片的应变绝对值相等。在弯扭组合变形时,因不考虑横力弯曲的切应力,故扭转切应力与弯曲无关。若按图 4-30(b) 全桥接线,则应变仪读数

$$\varepsilon_r = 4\varepsilon_{45°} \tag{4-41}$$

式中,$\varepsilon_{45°}$ 是扭转时的主应变 ε_1。代入广义胡克定律得

$$\sigma_1 = \frac{E}{1-\mu^2}(\varepsilon_1 + \mu\varepsilon_2) = \frac{E}{1-\mu^2}[\varepsilon_1 + \mu(-\varepsilon_1)] = \frac{E}{4(1+\mu)}\varepsilon_r \tag{4-42}$$

在扭转时,主应力 σ_1 就等于切应力 τ,故有

$$\sigma_1 = \tau = \frac{TD}{2I_p} = \frac{16TD}{\pi(D^4 - d^4)} \tag{4-43}$$

令两式相等,得横截面上的扭矩为

$$T = \frac{E\varepsilon_r}{4(1+\mu)} \cdot \frac{\pi(D^4 - d^4)}{16D} \tag{4-44}$$

2. 其他主应力测定试验简介

在复杂应力情况下,测定主应力的大小和方向是试验应力分析的主要目的。除了前述弯扭组合试验装置,各校还常使用其他试验模型。这些模型虽然受力和变形特点各不相同,但试验原理和方法基本相同。下面介绍两种试验模型。

1) 薄壁圆筒受内压和扭转联合作用模型

充气式主应力试验台如图 4-31 所示。

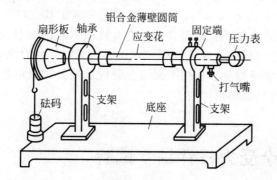

图 4-31　充气式主应力试验台

成。通过给薄壁圆筒充气，使圆筒受内压作用，产生双向受拉应力状态。同时，通过砝码和扇形板给薄壁圆筒作用产生扭转变形的外力偶矩。两种作用叠加后成为一般的二向应力状态。测出应变花的读数后，就可运用应变分析理论计算出测点的主应变、主应力和主方向。

2）工字梁上主应力的测定模型

这是自制的试验模型。本试验采用一根两端简支，中间受一集中力 P 作用的工字梁为试验模型（图 4-32），测定其腹板上 A、B 两点处的主应力。其中，A 点在中性层上，B 点在距右支座为 x 处的截面上，到中性层距离为 z。根据材料力学理论，A、B 两点的应力状态如图 4-33(a)、(b) 所示。两点主应力和主方向的理论值如下：A 点的主应力 $|\sigma_1| = |\sigma_3| = |\tau|$，主方向为 $\pm45°$；B 点的主应力为 $\left.\begin{array}{c}\sigma_1\\\sigma_3\end{array}\right\} = \dfrac{\sigma}{2} \pm \dfrac{1}{2}\sqrt{\sigma^2 + 4\tau^2}$，主方向满足 $\tan2\alpha_0 = -\dfrac{2\tau}{\sigma}$。

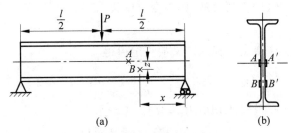

图 4-32　工字梁试验模型

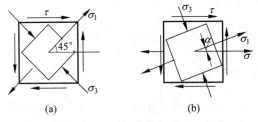

图 4-33　A、B 两点应力状态

（a）A 点应力状态；（b）B 点应力状态

对于 A 点，可以沿 $\pm45°$ 相互垂直方向贴应变片来测定该点的主应变 ε_1 和 ε_3，也可贴一个应变花，除用 $\pm45°$ 应变片来测定该点的主应变 ε_1 和 ε_3 外，$0°$ 方向应变片还可验证其纯剪切状态。对于 B 点，主应力方向未知，需采用应变花来测定其主应变。可在万能材料试验机上进行试验，为了消除由加载位置偏离梁竖直对称面引起的误差，在梁的背面和 A、B 两点相对应位置分别贴上同样的应变花（图 4-32(b)）。加载后，同时测量前、后应变花的应变值，取平均值作为最后测量数据。应用平面应变分析理论公式就可算出该点的主应力和主方向。最后与理论计算结果加以比较。

4.5　复杂受力杆件综合试验

在外载作用下，工程中的构件往往产生复杂的组合变形。有时，在设计构件时，是按照理想的受力情况分析的，但在实际安装和工作状态时会产生不可避免的误差，使构件的受力状况变差。例如,受压构件的制造和安装误差,可能会使荷载作用位置偏离理想状态,产生偏心压缩。这些因素对构件的受力,特别是危险点的应力有多大影响,可以通过试验加以分析。

4.5.1　预习要求

(1) 预习材料力学有关斜弯曲、偏心压缩组合变形的分析理论。

(2) 复习第 2 章电测应力分析的基本原理和电阻应变仪的使用方法。

(3) 预习本节,掌握本试验目的和试验原理。

注意:必须在试验前完成预习要求,填写试验报告第一项至第三项,经指导老师检查后方能参加试验。

4.5.2　试验目的

(1) 了解偏心压缩时构件上应力的特点和测量方法。

(2) 测量并计算薄壁矩形管在三个位置上受偏心压缩荷载作用时,截面的最大拉压应力。

(3) 确定三种加载情况下中性轴的位置,比较、分析最不利的加载位置。

4.5.3　试验装置和设备

(1) 试验基础平台及相应配件。

(2) 加力测力装置:通过手轮螺旋顶杆连续加载,测力传感器通过 LED 显示加载量,最大荷载可达 1000N,如图 4-34(a)所示。

(3) 薄壁矩形管试样(图 4-34(b))及数枚电阻应变片。

(4) XL2118A16(U)静态电阻应变仪。

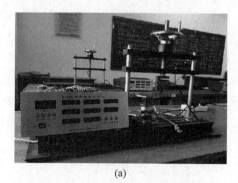

(a)　　　　　　　　　　　　(b)

图 4-34　复杂受力杆件试验装置

(a) 加力测力装置;(b) 薄壁矩形管试样

4.5.4　试验原理

薄壁矩形管试样及试验装置如图 4-34 所示。在矩形管上、下端各焊接一圆盘，在上盘边缘施加偏心压力，下盘通过螺栓与基础平台固定。下盘上开有滑槽，可使圆盘原地转动，以改变加载位置。在本试验中，加载位置为距矩形管试样中心偏心距 $l=50\text{mm}$、偏转角度分别为 $0°$、$60°$ 和 $90°$ 的三点，其受力模型可简化为图 4-35 所示的情况。

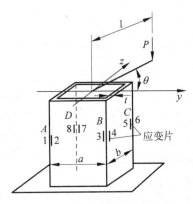

图 4-35　试验模型及贴片位置示意图

在偏心压力作用下，薄壁矩形管将产生压缩和弯曲的组合变形，若压力不作用在对称轴 y 和 z 上，弯曲将是复杂的斜弯曲形式。根据材料力学理论，在压缩与弯曲组合变形下，杆件横截面上只有线性分布的正应力，横截面上存在一条中性轴将截面分成受拉和受压两个区域。中性轴的位置随加载部位不同而变化。截面上各点的正应力大小与到中性轴的距离成正比。因此，矩形截面杆横截面上的最大拉应力和最大压应力一定出现在相对的两个矩形角点处。对于外边长为 a、宽为 b、壁厚为 t 的薄壁矩形截面，在偏心距为 l、偏转角度为 θ 的压力 P 作用下，其最大拉应力和最大压应力分别为

$$\left.\begin{aligned} \sigma_{\max}^t &= \frac{Pl\sin\theta}{I_y}\cdot\frac{b}{2} + \frac{Pl\cos\theta}{I_z}\cdot\frac{a}{2} - \frac{P}{A} \\[2mm] \sigma_{\max}^c &= \frac{Pl\sin\theta}{I_y}\cdot\frac{b}{2} + \frac{Pl\cos\theta}{I_z}\cdot\frac{a}{2} + \frac{P}{A} \end{aligned}\right\} \tag{4-45}$$

式中，$A=ab-(a-2t)(b-2t)$，$I_y=\dfrac{1}{12}\big[ab^3-(a-2t)(b-2t)^3\big]$，$I_z=\dfrac{1}{12}\big[ba^3-(b-2t)(a-2t)^3\big]$。

试样和荷载位置尺寸为 $a=50\text{mm}$，$b=25\text{mm}$，$t=1.18\text{mm}$，$l=50\text{mm}$，θ 为 $0°$、$60°$ 或 $90°$。根据以上数据计算可得横截面积 $A=171.4\text{mm}^2$，惯性矩 $I_y=19\,034.0\text{mm}^4$，$I_z=56\,425.9\text{mm}^4$。

为了测取薄壁矩形管横截面上的最大拉应力和最大压应力，确定中性轴位置，在试样四个棱角边缘位置 A、B、C、D 处，两边沿轴向各粘贴一对应变片。分别为 1 和 2，3 和 4，5 和 6，7 和 8，如图 4-35 所示。试样加载后，可测出它们各自的应变值，分别取每一对应变片应变的平均值作为对应棱角贴片处的应变值。根据胡克定律，即可得到该点的应力值。

在有斜弯曲存在时，通过作图的方法可以确定中性轴的位置。如图 4-36 所示，假设中性轴为图示位置，连接矩形截面对角线 AC 和 BD 与中性轴交于 O_1 和 O_2 点；再分别过 A、B、C、D 四个点引中性轴的垂线，则三角形 AA_1O_1 和三角形 CC_1O_1 相似，三角形 BB_1O_2 和三角形 DD_1O_2 相似。因此有 $\dfrac{AO_1}{CO_1}=\dfrac{AA_1}{CC_1}=\dfrac{\sigma_A}{\sigma_C}=\dfrac{\varepsilon_A}{\varepsilon_C}$，$\dfrac{BO_2}{DO_2}=\dfrac{BB_1}{DD_1}=\dfrac{\sigma_B}{\sigma_D}=\dfrac{\varepsilon_B}{\varepsilon_D}$。

所以，根据 A、C 两点和 B、D 两点的应变比就可以确定对角线 AC 和 BD 上的 O_1、O_2 点，O_1、O_2 点的连线就是中性轴。可见，矩形角点 A 和 C 处分别有最大拉应力和最大压应力。若测量的 B、D 两点的应变均为压应变（都为负值），则 O_2 点在对角线 BD 的延长线上。

若弯曲部分是对称弯曲（θ 为 $0°$、$90°$），可直接根据最大拉应力和最大压应力的比值关

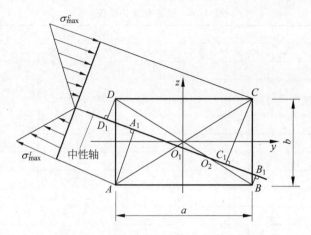

图 4-36 中性轴位置及应力分布示意图

系确定中性轴位置。

4.5.5 试验方法和步骤

（1）先将加力测力装置安装在试验基础平台上,再把薄壁矩形圆管试样安装在加力压头下方,按要求调整好位置,使压头对准上盘边缘上的 0°加力点,并与基础平台固定。

电阻应变片接线采用 1/4 桥,8 个点共用一个补偿片。即把 4 个位置 8 个点的应变片分别用导线接在电阻应变仪 CH_1、CH_2 至 CH_8 通道的 A/B 上,8 个通道上的 B 和 B_1 用短路片短接。补偿块应变片接到电阻应变仪桥路选择 A/D 上,桥路选择短接线将 D_1/D_2 短接,如图 4-37 所示。

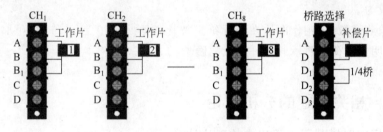

图 4-37 应变片接桥图

（2）按照电阻应变仪的使用方法将其进行设置和预调平衡。

（3）加载。逆时针缓慢旋转加载手轮,依次加载到 300N、600N、900N,从显示器上读取力值。测量 8 个点的应变值,并记录到表 4-10 中。注意:加力测力装置的最大荷载为 1000N,不得超载使用,以免损坏设备!

（4）卸载。顺时针旋转手轮,把力卸除。

（5）分别调整薄壁矩形管试样位置,使加力压头对准上盘边缘上的 60°和 90°加力点,重复上述测量过程。

（6）将应变片连线从电阻应变仪电桥上取下,松开固定薄壁矩形试样的螺母,将其取出。整理试验数据,清理试验现场。

表 4-10　试验数据记录表

测点荷载		θ=0°			θ=60°			θ=90°		
		300N	600N	900N	300N	600N	900N	300N	600N	900N
1	读数									
	增量									
2	读数									
	增量									
3	读数									
	增量									
4	读数									
	增量									
5	读数									
	增量									
6	读数									
	增量									
7	读数									
	增量									
8	读数									
	增量									

4.5.6　试验数据处理及结果分析

根据试验测量数据计算在荷载增量为 $\Delta P = 300\text{N}$ 时各测点的平均应变增量值，并根据胡克定律计算应力试验值，与理论应力值比较计算各自的相对误差，确定最大应力。试样材料的弹性模量为 200GPa。

通过试验测试数据，用作图法在坐标纸上按比例画出在 θ 为 0°、60°、90°加载时中性轴的位置，并说明偏心荷载对承载构件造成的影响。

4.5.7　相关问题的分析讨论

1. 偏心压缩时横截面上正应力的理论计算

求构件在偏心压力 P 作用下横截面上的内力时，可以得到一个轴力和一个弯矩，该弯矩作用在力作用线与杆轴线所组成的平面内，当 $\theta \neq 0°$ 或 $\neq 90°$ 时产生斜弯曲。为了计算弯曲正应力，可将其分解为两个分别作用在对称平面内的弯矩 M_y 和 M_z，如图 4-38 所示。根据截面法，横截面上的内力为

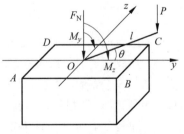

图 4-38　偏心压缩的理论模型

$$\left.\begin{aligned} F_N &= P \\ M_y &= Pl\sin\theta \\ M_z &= Pl\cos\theta \end{aligned}\right\}$$

(4-46)

轴力产生均匀分布的压应力,其值为

$$\sigma_N = \frac{F_N}{A} = \frac{P}{A} \tag{4-47}$$

弯矩 M_z 产生沿 y 轴方向的对称弯曲,存在线性分布的正应力,z 轴是中性轴。其值为

$$\sigma_y = \frac{M_z}{I_z}y = \frac{Pl\cos\theta}{I_z}y \tag{4-48}$$

横截面上的 AD 边有最大拉应力,BC 边最大压应力,其应力值为

$$\sigma_{ymax} = \frac{M_z}{I_z}y_{max} = \frac{Pla\cos\theta}{2I_z} \tag{4-49}$$

弯矩 M_y 产生沿 z 轴方向的对称弯曲,存在线性分布的正应力,y 轴是中性轴。其值为

$$\sigma_z = \frac{M_y}{I_y}z = \frac{Pl\sin\theta}{I_y}z \tag{4-50}$$

横截面上的 AB 边有最大拉应力,CD 边有最大压应力,其应力值为

$$\sigma_{zmax} = \frac{M_y}{I_y}z_{max} = \frac{Plb\sin\theta}{2I_y} \tag{4-51}$$

根据叠加原理,横截面上任一点 (y,z) 上的正应力为

$$\sigma = -\frac{P}{A} - \frac{Pl\cos\theta}{I_z}y - \frac{Pl\sin\theta}{I_y}z \tag{4-52}$$

可见,横截面上的正应力仍然保持线性分布规律。令上式中正应力等于 0,可确定中性轴位置。即中性轴方程为

$$\frac{l\cos\theta}{I_z}y + \frac{l\sin\theta}{I_y}z + \frac{1}{A} = 0 \tag{4-53}$$

最大压应力出现在两个对称弯曲正应力均为最大压应力的位置,显然是 C 点,其值为

$$\sigma_{max}^c = \frac{P}{A} + \frac{Pla\cos\theta}{2I_z} + \frac{Plb\sin\theta}{2I_y} \tag{4-54}$$

最大拉应力出现在两个对称弯曲正应力均为最大拉应力的位置,显然是 A 点,其值为

$$\sigma_{max}^t = \frac{Pla\cos\theta}{2I_z} + \frac{Plb\sin\theta}{2I_y} - \frac{P}{A} \tag{4-55}$$

2. 由偏心压力作用位置角 θ 决定的最不利工作位置

在偏心距 l 不变的情况下,改变位置角 θ,横截面上正应力及其分布也随之改变。现讨论位置角 θ 在什么情况下最大正应力达到最大。

对最大压应力(或最大拉应力)中的角 θ 求导,并令其等于 0,确定极限位置。有

$$\frac{d\sigma_{max}}{d\theta} = \frac{Plb\cos\theta}{2I_y} - \frac{Pla\sin\theta}{2I_z} = 0$$

得

$$\theta = \arctan\frac{I_zb}{I_ya} \tag{4-56}$$

此时有最大正应力,是最不利工作状态。根据试样参数可得,$\theta = 56°$ 是最不利工作状态。

第5章

材料力学开放试验

考虑到专业和学生对材料力学试验课的要求不同,也为了进行材料力学开放性试验教学改革探索,本章介绍几个材料力学开放试验,供各校根据自身的试验设备条件和试验学时数选择开设,学生也可通过自学拓宽知识面。

5.1 弯曲变形测定试验

5.1.1 预习要求

(1) 复习材料力学有关弯曲变形的内容和 2.2 节关于百分表的内容。

(2) 预习本节,掌握试验原理和测量方法。

5.1.2 试验目的

(1) 测定钢梁在弯曲受力时的挠度 f 和转角 θ,并与理论计算值进行比较,以验证理论计算方法的正确性。

(2) 学习挠度和转角的测试方法。

5.1.3 试验装置和仪器

(1) 梁弯曲变形试验装置如图 5-1 所示。

(2) 2 只百分表,3 块 5N 的砝码。

(3) 直尺、扳手等工具。

5-1 弯曲变形
试验装置

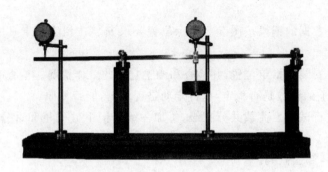

图 5-1 梁弯曲变形试验装置

5.1.4 试验原理及方法

1. 试验原理

梁弯曲变形试验装置简图如图 5-2 所示。可以看出,钢梁 AD 是外伸梁,A、B 两处用铰链支承,荷载通过砝码加在 C 截面处,在 C、D 截面处沿位移方向安装两个百分表,用以测量 C、D 两点的位移。根据材料力学理论,钢梁在 ΔP 作用下,梁 C 截面上的挠度 f_C 和 B 截面转角 θ_B 分别为

$$\left.\begin{array}{l} f_C = \dfrac{\Delta P(2L)^3}{48EI} \\[3mm] \theta_B = \dfrac{\Delta P(2L)^2}{16EI} \end{array}\right\} \tag{5-1}$$

式中,$I = \dfrac{ba^3}{12}$ 为对矩形梁横截面中性轴的惯性矩。

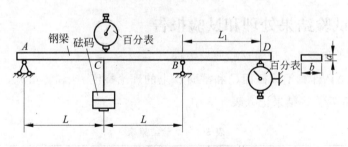

图 5-2 梁弯曲变形试验装置简图

试验时,加荷载增量为 ΔP,用百分表测出 D、C 截面处的位移增量 ΔD 和 ΔC,则梁 C 截面实测挠度和 B 截面的实测转角分别为

$$\left.\begin{array}{l} f'_C = \Delta C \\[3mm] \theta'_B = \dfrac{\Delta D}{L_1} \end{array}\right\} \tag{5-2}$$

2. 试验方法

（1）将测量好数据的钢梁按图 5-2 所示位置要求安装在相应的卡具中，并记录有关数据，填入表 5-1 中。

（2）将百分表安装在指定位置，并检查和调整它们的工作情况。检查时，用手轻轻下压钢梁，观察百分表上的读数是否稳定，指针走动是否均匀，能否复原。

（3）加砝码进行试验。荷载共分三级，每加一级后记下砝码重和百分表的读数。试验数据按表 5-2 记录。

（4）试验完后，卸去砝码。

表 5-1　钢梁原始数据表

断面尺寸 b/mm	断面尺寸 a/mm	位置尺寸 L/mm	位置尺寸 L_1/mm	弹性模量 E/Pa

表 5-2　试验数据记录表

荷载 P/N	荷载增量 ΔP	百分表读数 ΔC/0.01mm	读数增量	百分表读数 ΔD/0.01mm	读数增量

5.1.5　试验结果处理和试验报告

（1）按表 5-1 和表 5-2 记录试验原始数据。

（2）按荷载 ΔP 计算钢梁截面 C 和截面 B 上的理论挠度 f_C 和转角 θ_B，计算实测平均挠度 f_C' 和平均转角 θ_B'。将结果记入表 5-3 中。

表 5-3　试验结果表

	挠度 f_C/mm	转角 θ_B/rad
试验值		
理论值		
误差/%		

（3）画出梁变形后挠曲线的大致形状，标出挠度 f_C 和转角 θ_B，并简要说明挠度 f_C 和转角 θ_B 的理论计算公式。

- -

5.2　超静定梁试验

5.2.1　预习要求

（1）复习材料力学有关弯曲超静定梁的内容。
（2）预习本节内容，掌握试验原理和测量方法。

5.2.2　试验目的

（1）用试验方法测定超静定梁支座的约束反力，并与理论计算值进行比较。
（2）学习试验测试方法。

5.2.3　试验装置和仪器

（1）超静定梁试验装置如图 5-3 所示。
（2）1 只百分表，5N、2N、1N 砝码各 2 块。
（3）直尺、扳手等工具。

5-2　超静定梁
试验装置

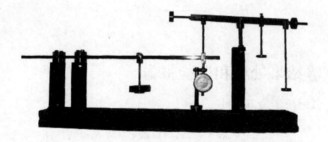

图 5-3　超静定梁试验装置

5.2.4　试验原理及方法

超静定梁试验装置简图如图 5-4 所示。其试验梁可简化为图 5-5 所示一端固定、另一端铰支的超静定梁形式。荷载通过砝码加在梁上 A 点，为了测出支座 B 处的约束反力 R_B，在 B 点加一个百分表，并通过由加载杠杆、平衡砣、可移动砝码和固定砝码组成的测力系统进行测量。

在未加砝码前，调整加载杠杆两端的平衡砣，使梁右端 B 点的支座反力 R_B 为零（即 DB 杆不受力）。这时，记下百分表上的读数 v_B。

试验时，通过加上砝码，使试验梁 A 处承受一个向下的集中力 P（10N）。这时，百分表将离开原读数 v_B。若使试验梁等效于图 5-5 所示超静定梁，必须保持 B 点的挠度为零（B

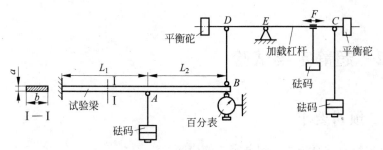

图 5-4　超静定梁试验装置简图

处支座不允许有竖直位移产生），即百分表读数不变。为了使百分表的读数返回原读数，先在加载杠杆的右端 C 处加上适量的砝码（3N），再左右移动微调砝码（1N），直到百分表读数回到原值。

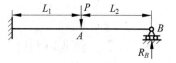

图 5-5　超静定梁简化模型

根据平衡条件得

$$R_B \cdot \overline{DE} = P_C \cdot \overline{CE} + P_F \cdot \overline{FE}$$

则

$$R_B = \frac{P_C \cdot \overline{CE} + P_F \cdot \overline{FE}}{\overline{DE}} \tag{5-3}$$

式中，P_C 和 P_F 分别为左、右砝码的重力。

根据材料力学弯曲超静定梁理论，B 点处的约束反力 R_B 为

$$R_B = \frac{3PL_1^2}{(L_1 + L_2)^3}\left(\frac{L_1}{3} + \frac{L_2}{2}\right) \tag{5-4}$$

5.2.5　试验结果处理和试验报告

（1）将试验数据记录于表 5-4 中。

表 5-4　试验数据记录表

试验前	$L_1 =$	mm	$L_2 =$	mm	$\overline{DE} =$	mm	$\overline{CE} =$	mm
平衡后	$\overline{FE} =$	mm	$P =$	N	$P_F =$	N	$P_C =$	N

（2）计算约束反力 R_B 的理论值和试验值，并分析误差。

（3）推导计算 B 点约束反力的公式：$R_B = \dfrac{3PL_1^2}{(L_1 + L_2)^3}\left(\dfrac{L_1}{3} + \dfrac{L_2}{2}\right)$。

本试验和前一个试验是采用机械式测量方法测量位移的例子。机械式测量方法的优点是测量过程直观方便，测出的数据可随时检验其变化规律和可靠性，便于学生直观地观察试验现象，理解材料力学理论。同时，试验过程相对简单，便于学生在开放的试验条件下独立完成。其不足之处是，不能通过先进的计算机手段处理试验数据，不适用于复杂的或试验数据较多的试验。下面介绍的两个试验应用位移传感器测量位移，用计算机进行数据处理，读者可以比较一下两种测量方法的特点。

5.3 动荷挠度试验

5.3.1 预习要求

(1) 复习材料力学有关动荷载和冲击时动荷系数的内容。
(2) 预习本节,掌握试验原理和测量方法。

5.3.2 试验目的

(1) 测定梁在动荷撞击下的挠度,并与理论计算值相比较。
(2) 学习测定动荷挠度的试验方法。

5.3.3 试验装置和仪器

(1) 试验装置如图 5-6 所示;
(2) 1 套涡流传感器及适配器;
(3) 1 套计算机测试系统;
(4) 直尺、扳手等工具。

5-3 动挠度试
验装置

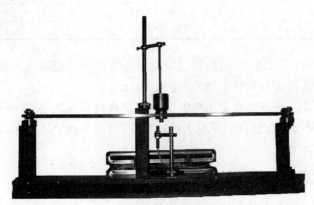

图 5-6　动荷挠度试验装置

5.3.4 试验原理

试验装置简图如图 5-7 所示。根据材料力学能量原理,自由落体撞击在钢梁上的动荷系数 K_d 为

$$K_d = 1 + \sqrt{1 + \frac{2H}{\delta_c}} \tag{5-5}$$

式中,H 为自由落体离开钢梁的高度,δ_c 为重物自重直接加在钢梁中点处引起的静荷挠度。

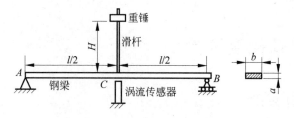

图 5-7　动荷挠度试验装置简图

$$\delta_C = \frac{Pl^3}{48EI} \tag{5-6}$$

因此，动荷挠度的理论值 f_C 为

$$f_C = K_d \delta_C \tag{5-7}$$

试验时，自由落体撞击梁后，用涡流传感器将其中点 C 处的动荷挠度转换成电信号，经适配器适调后送计算机，由计算机测出动荷试验挠度 f'_C。

5.3.5　试验方法

（1）将钢梁按图 5-7 所示的要求安装在相应的卡具中，测量、记录以下数据，并填入表 5-5 中。

表 5-5　试验数据记录表

断面尺寸 b/mm	断面尺寸 a/mm	梁跨度尺寸 l/mm	落体高度 H/mm	重锤重力 P/N	弹性模量 E/GPa

（2）打开计算机，进入测试软件，从试验类型中选择"B 动荷挠度试验"。

（3）调整传感器探头与钢梁之间的间隙为 5mm。

（4）把重锤提高到离开梁指定的高度 H，单击"数采"，等 5s 左右松开重锤，重锤撞击梁后，计算机自动测量出动荷挠度。重复上述过程 5 次，并分别记录各次动荷挠度。

5.3.6　试验结果处理和试验报告

（1）将试验记录的各次动荷挠度取算术平均值。

（2）根据已知条件计算梁的理论动荷挠度 f_C，并同试验测试动荷挠度 f'_C 相比较。

5.4　压杆稳定试验

5.4.1　预习要求

（1）复习材料力学有关压杆稳定理论的内容。

（2）预习本节，掌握试验原理和测量方法。

5.4.2 试验目的

(1) 观察细长杆件在轴向压力作用下的失稳现象。
(2) 测量细长压杆的临界压力,验证欧拉公式。

5.4.3 试验装置和仪器

(1) 试验装置如图5-8所示。
(2) 2套涡流传感器及适配器。
(3) 1套计算机测试系统。
(4) 砝码、直尺、扳手等器材。

5-4 压杆稳定
试验装置

图 5-8 压杆稳定试验装置

5.4.4 试验原理

强度、刚度和稳定性是材料力学研究的三大问题。稳定性主要研究细长杆件在承受轴向压力时表现出的与强度问题迥然不同的破坏现象。根据材料力学理论,对于两端受压的理想压杆,若压力不超过一定值时,压杆保持直线平衡,即使有微小的横向干扰力使压杆发生微小弯曲变形,在干扰力解除后,它仍将恢复直线平衡状态,此时压杆是稳定的。但当压力逐渐增加到某一极限值时,再有微小横向干扰使细杆发生弯曲变形时,解除干扰力后,压杆将继续保持在微弯平衡状态而不再回到原来的直线平衡状态,这种现象称为失稳。这个压力的极限值称为临界压力,用 P_{cr} 表示。

根据欧拉公式,有

$$P_{cr} = \frac{\pi^2 EI}{(\mu l)^2} \tag{5-8}$$

式中,E 是材料的弹性模量;I 是压杆截面的最小惯性矩;l 是压杆的长度;μ 是与支承条件有关的长度系数,当两端铰支时,$\mu = 1$。

把压杆所受压力 P 和平衡时压杆中点挠度 δ 的关系绘成曲线,如图 5-9 所示。对于理想压杆,在压力小于临界压力 P_{cr} 时,压杆保持直线平衡,$\delta = 0$,对应图中直线 OA;当压力达到临界压力 P_{cr} 时,压杆的直线平衡变为不稳定,按照欧拉的小挠度理论,P 与 δ 的关系相当于图中的水平线 AB。实际压杆难免存在初弯曲、材料不均匀以及压力偏心等缺陷。试验表明,由于这些缺陷,在承受的轴向压力 P 远小于 P_{cr} 时,压杆就已经出现了弯曲。开始挠度 δ 很小,且增长缓慢,如图 5-9 中曲线 OCD 所示。随着力 P 逐渐接近 P_{cr},δ 将急剧增大。当 δ 大到一定程度时,将引起塑性变形,直到破坏。一般压杆要在小挠度下工作,工作压力小于 P_{cr}。

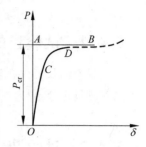

图 5-9　压杆的 P-δ 曲线

压杆稳定试验装置简图如图 5-10 所示。试验采用矩形截面薄钢杆作为压杆试样,两端放在 V 形槽内,相当于两端铰支。压力 P 通过加载杠杆、固定砝码和移动砝码加在压杆的 A 端,可以通过调节两个砝码的重力和位置来改变压力 P。用两个涡流传感器对称地装在试样中点 E 的两边,当试样在轴向力 P 作用下变弯时,用涡流传感器和计算机测出中点 E 两边的位移。在试验过程中,一边加力,一边注意监测变形,如变形显著增加时,意味着试样有较大弯曲,这时所对应的轴向力 P 即为临界力 P_{cr}。

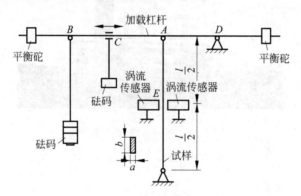

图 5-10　压杆稳定试验装置简图

根据平衡条件,压力 P 与作用在 B、C 点砝码的重力 Q_B、Q_C 及作用位置的关系为

$$P = \frac{Q_B \cdot \overline{BD} + Q_C \cdot \overline{CD}}{\overline{AD}} \tag{5-9}$$

式中,Q_B 为砝码的重力。

图 5-10 所示约束和截面情况下,压杆的临界压力的理论值为

$$P_{cr} = \frac{\pi^2 EI}{(\mu l)^2} = \frac{\pi^2 E b a^3}{12 l^2} \tag{5-10}$$

5.4.5　试验步骤

(1) 按要求将试样和传感器安装在相应的卡具中,测量并记录有关数据,并填入表 5-6 中。

(2) 在未加力前,调整杠杆两端的平衡砝,使试样的轴向力 P 为零。

（3）将涡流传感器、适配器、计算机三者相连，使传感器的触头对称地安在试样的中点 E 处，并尽量保持与试样表面垂直。

表 5-6　原始试验数据表

断面尺寸 b/mm	断面尺寸 a/mm	位置尺寸 $\overline{BD}$/mm	位置尺寸 $\overline{AD}$/mm	弹性模量 E/GPa

（4）打开计算机，进入测试软件，从试验类型中选择"压杆稳定试验"，按提示输入两涡流传感器的编号。

（5）按提示调整传感器探头与被测梁之间的间隙为 5mm 左右。

（6）先逐渐在加载杠杆的 B 处加砝码，每加一个砝码（5N）后单击"加荷"，并输入荷载重力，然后单击"数采"，此时计算机便测出对应的变形。列表记录每次砝码的重力和变形值。

当变形增量明显变大时，加力改为小号砝码（2N、1N），当试样出现较大变形时，停止加力。

5.4.6　试验结果处理

（1）根据试验记录的砝码重力和变形值，按一定比例绘制 $P\text{-}\delta$ 图（轴向力 P 为纵坐标、变形 δ 为横坐标），从图中确定临界压力 P_{cr}。

（2）按理论公式计算理论临界压力 P'_{cr}。

5.5　材料冲击试验

冲击荷载是一种加载速度很快的动荷载，荷载与承载构件相接触的瞬时相对速度发生剧烈变化。例如，锻锤、冲床工作时，有关零件都要承受冲击荷载。材料在冲击荷载作用下，若尚处于弹性阶段，其力学性能与静荷载时基本相同；但若进入塑性阶段，则其力学性能与静载下有明显的差异。例如，即使塑性很好的材料，在冲击荷载作用下，也会呈现脆化倾向，发生突然断裂。由于冲击问题的机理较为复杂，工程中经常采用试验手段检验材料的抗冲击能力。材料的抗冲击能力用冲击韧度表示，用冲击试验机测定。

5.5.1　预习要求

（1）复习材料力学有关冲击荷载的理论知识。

（2）预习本节，掌握试验原理和测量方法。

5.5.2　试验目的

（1）了解冲击韧度的含义和测量方法。

（2）测定铸铁和低碳钢的冲击韧度，比较两种材料的抗冲击能力和破坏断口。

5.5.3 试验设备和原理

冲击试验的设备是冲击试验机，CBD-300 电子式摆锤冲击试验机的工作原理和使用方法见 2.4 节。

按照不同的试验条件，冲击试验有多种类型，现介绍依据国家推荐标准《金属材料夏比摆锤冲击试验方法》(GB/T 229—2007)进行的常温、简支梁式、大能量一次性冲击试验。

冲击试样采用带缺口的标准试样，冲击韧度的数值与试样的尺寸、缺口形状和支承方式有关。为了便于比较，标准规定两种形式的试样：U 形缺口试样(图 5-11)和 V 形缺口试样(图 5-12)。

5-5 受冲击试样

试样上开缺口是为了使缺口区形成高度应力集中，吸收较多的功。缺口底部越尖锐，越能体现这一要求，所以较多地采用 V 形缺口。在开口处高度应力集中，冲断试样所做的绝大部分功 W 被缺口吸收。

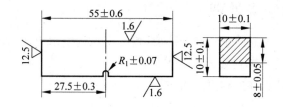

图 5-11 U 形缺口试样

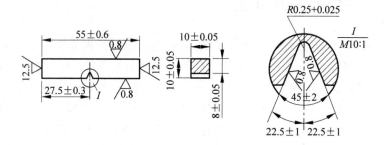

图 5-12 V 形缺口试样

以试样在缺口处的最小横截面积 A 除 W，定义为材料的冲击韧度 a_k，即

$$a_k = \frac{W}{A} \tag{5-11}$$

式中，a_k 的单位为 J/cm^2。a_k 的值越大，表明材料的抗冲击性能越好。

5.5.4 试验步骤

（1）测量试样缺口处最小横截面积。

（2）不安装试样，测量、记录试验机摆锤的阻力以及摩擦所消耗的能量。

（3）正式试验,按图 5-13 安放试样,使缺口处于支座跨度中点,且背对冲击刀刃。

（4）冲击后,测出试验的冲击能量,试样的冲击能量等于本次试验的冲击能量减去机器自身消耗的能量。

（5）回收试样,观察断口。

注意：冲击试验一定要注意安全,在摆锤举起和下落冲打试样时,人员不得进入摆锤摆动防护圈。

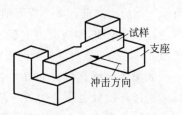

图 5-13　冲击试样安放方法

5.5.5　试验报告和讨论问题

试验报告格式由试验人员自行拟定,包括计算冲击韧度、画出破坏断口草图,并回答以下问题：

（1）冲击韧度的物理意义。

（2）冲击试样为什么要开缺口？

（3）比较低碳钢和铸铁两种试样断口的特征。

5-6　冲击试样断口

5.6　材料疲劳极限测定试验

5.6.1　预习要求

预习本节和材料力学教材中的有关内容,并回答以下问题：

（1）在等幅交变应力作用下,$\sigma_{max} \leqslant \sigma_s$ 时,为什么会引起疲劳破坏？为什么不马上破坏而具有一定的寿命？

（2）疲劳破坏有什么特点？

5.6.2　试验目的

了解疲劳极限 σ_{-1} 的测试方法及疲劳试验机的工作原理。

5.6.3　试验原理及设备

长期在交变应力作用下的构件,虽然应力水平低于屈服极限,也会突然断裂,即使是塑性较好的材料,断裂前也无明显的塑性变形,这种现象称为疲劳失效。将交变应力循环中的最小应力 σ_{min} 和最大应力 σ_{max} 的比值称为循环特征 r,则 $r = -1$ 即对称循环是最常见的交变应力情况。在对称循环下,若试样的最大应力为 σ_1,经历 N_1 次循环后发生疲劳失效,则 N_1 称为最大应力为 σ_1 时的疲劳寿命。最大应力越大,则寿命越短；随着最大应力的降低,寿命迅速增加。通过一组试验可得到某种材料的应力-寿命曲线,称为 S-N 曲线,如图 5-14

所示。当应力降低到某一极限值 σ_{-1} 时，应力-寿命曲线趋近于水平线，即当应力不超过 σ_{-1} 时，寿命可达到无限大，σ_{-1} 称为该材料的疲劳极限或持久极限。

如黑色金属试样经过 10^7 次循环仍未失效，则再增加循环次数也不会失效。故把 10^7 次循环下仍未失效的最大应力作为疲劳极限 σ_{-1}，而把 $N_0=10^7$ 称为循环基数。有色金属的应力-寿命曲线在 $N>5\times10^8$ 时往往仍未趋于水平，通常规定循环基数 $N_0=10^8$，它对应的最大应力作为"条件"疲劳极限。

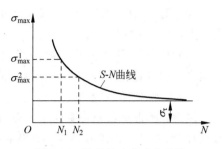

图 5-14　材料的应力寿命曲线

测定疲劳极限的设备称为疲劳试验机，现介绍纯弯曲旋转式疲劳试验机，其工作原理如图 5-15 所示。试样被固定在试验机的主轴套筒内，荷载通过夹头的拉杆加到试样上。电机启动后，试样随夹头一起高速旋转。荷载方向不变，而试样上各点的应力随着试样的旋转反复变化，试样承受对称循环交变应力。试样表面的最大应力为

$$\sigma_{\max} = \frac{Pa}{2W} = \frac{16Pa}{\pi d_{\min}^3} \tag{5-12}$$

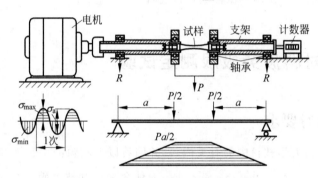

图 5-15　纯弯曲疲劳试验机工作原理图

5.6.4　试验试样

疲劳试样的选材和加工对疲劳强度有很大影响。因此，在制作试样时，从选材到加工都有明确要求，具体规定可参考国家推荐标准《金属材料 疲劳试验 旋转弯曲方法》（GB/T 4337—2015）。光滑小试样的最小直径为 $7\sim10\text{mm}$。其他外形尺寸因疲劳试验机的类型而异，没有统一规定。图 5-16 为旋转弯曲疲劳试样图。

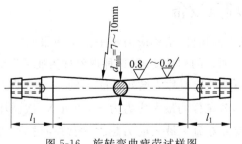

图 5-16　旋转弯曲疲劳试样图

5.6.5　试验方法

取 8～10 根钢试样,测定其应力-寿命曲线。试验方法和步骤如下(取试验的循环基数 $N_0 = 10^7$ 次)。

1. 应力水平的设置

测定 S-N 曲线,至少应取 5 级应力水平。最高应力水平应取强度极限的 $0.6～0.7$ 倍,即 $\sigma_1 = (0.6～0.7)\sigma_b$,相应的循环周次为 N_1,其后各级应力水平的差值取 $10～40\text{MPa}$。应力水平下降,断裂周次相应提高。对钢材而言,当 σ 下降到第 n 根试样的应力 σ_n 时,若经 $N = 10^7$ 次循环后试样仍不断裂,显然其疲劳极限 σ_{-1} 应介于应力 σ_{n-1} 和 σ_n 之间,即

$$\sigma_{n-1} > \sigma_{-1} > \sigma_n \tag{5-13}$$

2. σ_{-1} 的测定

σ_{-1} 的测定应在断与不断的应力之间,再进一步取样进行试验。取 $\sigma_{n+1} = \dfrac{\sigma_{n-1} + \sigma_n}{2}$ 试验,若 $N = 10^7$ 次断裂,且断与不断的应力相差不到 10MPa,则不断裂的应力 σ_n 即为疲劳极限 σ_{-1};若 $N = 10^7$ 次仍不断裂,且

$$\sigma_n - \sigma_{n+1} < 10\text{MPa} \tag{5-14}$$

则疲劳极限 $\sigma_{-1} = \sigma_{n+1}$。

总之,断与不断的应力水平相差小于 10MPa 时试验方可结束,并取未断时的应力作为 σ_{-1}。

3. 绘制 S-N 曲线

将上述试验结果绘制成 S-N 曲线。

由于该试验所需时间较长,无法通过一次试验测取具体试验数据,因此本试验不再要求完成试验报告。

5.7　光弹性应力分析试验

5.7.1　试验目的

(1) 了解光弹性仪的原理和操作方法。
(2) 通过观察受力模型的条纹图案,了解光弹性应力分析的试验原理和方法。
(3) 通过对径受压圆盘试验测定模型材料的条纹值 f。

5.7.2　试验设备

光弹性试验的试验设备称为光弹性仪,现以图 5-17 所示 TST-100 数码光弹仪为例介绍其构造和使用。该光弹仪使用日光或计算机屏幕作光源,可以完成白光和多种单色光的

光弹性试验,同时采用与计算机相连的数码相机拍摄光弹条纹图像,并运用计算机分析软件进行一些简单的试验分析。表 5-7 给出了 TST-100 数码光弹仪各部件的作用。

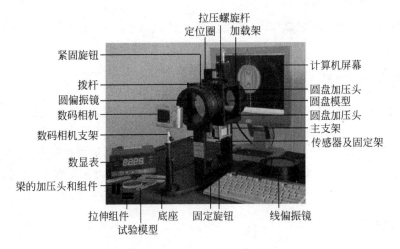

图 5-17　TST-100 数码光弹仪

表 5-7　**TST-100 数码光弹仪各部分名称**

名　　称	作　　用
紧固旋钮	固定偏振镜
拨杆	转动镜片
圆偏振镜	产生圆偏振场
数码相机	记录模型受力图像
数码相机支架	固定数码相机,调整相机高度
数显表	实时显示施加力的大小
梁的加压头和组件	固定梁和传递压力
拉伸组件	固定拉伸模型
试验模型	演示试验
底座	固定主支架和数码相机
固定旋钮	将支架固定在底座上
线偏振镜	产生线偏振场
传感器及固定架	实时计量出螺旋杆施加的力
主支架	固定加载架和偏振镜等
圆盘加压头	固定圆盘和传递压力
圆盘模型	做等倾线等差线试验
计算机屏幕	白光和各种单色光的光源
加载架	固定试样,转动任意角度观察试验现象
拉压螺旋杆	对试样施加规定范围内的力
定位圈	固定加载架,指示加载架转动角度

下面介绍 TST-100 数码光弹仪的安装使用步骤和方法。

(1) 打开仪器箱,依次取出底座和两个底座固定旋钮,把主支架固定在底座上。

(2) 取出一对镜片,分别安装在主支架的两端。

(3) 取出数码相机支架,小心安装上数码相机,调整到适当高度。

(4) 数码相机一侧为观察端,另一侧通过偏振镜中心对准计算机屏幕。

(5) 取出传感器的数显表,安装好传感器信号线,以及数显表电源线。

(6) 利用 PowerPoint 制作出单色光和白光幻灯片。

(7) 做圆盘试验时,换上圆盘加压头(短的安装在上,长的在下);在做纯弯曲试验时,换上梁的加压头和组件(短的支撑块安装在上面,长的在下面);做孔边应力分析试验时,换上拉伸组件。

(8) 通过旋转加载架顶端的螺旋杆对试样施加适当的力,逆时针施加拉力,数显表显示为正值;顺时针施加压力,数显表显示为负值。

(9) 在更换镜片时,要轻拿轻放,把线偏振镜(PL)和圆偏振镜(CPL)分开,防止混淆(见镜头标记为 PL 和 CPL)。

(10) 拆卸后,安装加载架,先使定位圈后移;再把加载架的突出卡口放进支架后圈的槽口中;然后将定位圈推到加载架另一端突出的卡口上,旋紧固定钮,固定加载架。

5.7.3　试验试样

光弹性试验是利用与实物形状相似的、具有光学灵敏度高和各向同性特性的透明模型进行试验的。目前普遍采用环氧树脂或聚碳酸酯塑料制作试样。本试验分别采用纯弯曲梁模型、圆环和圆盘对径受压模型。

5.7.4　试验原理

光弹性试验是试验应力分析的重要方法之一,它利用透明模型在偏振光场受到与实物相似的荷载,在具有相似的边界条件下,模型中出现明暗条纹,通过相似原理确定实物的应力及分布规律。

5-7　光弹性试样

图 5-18 是光弹性试验的一种基本光场布置,即正交平面偏振布置,设由光源发出的一束光波通过起偏镜 P 后成为平面偏振光照射到透明试验模型 M 上。在模型不受力时,模型表现出光学各向同性,即平面偏振光通过模型后仍保持为平面偏振光,而且不改变光矢量的方向。但当模型受力时,模型就呈现出光学各向异性,即当平面偏振光通过模型时,其传播速度不同,因此光离开模型时形成光程差 Δ,Δ 与模型厚度 t 及主应力差 $(\sigma_1 - \sigma_2)$ 成正比,即

$$\Delta = ct(\sigma_1 - \sigma_2) \qquad (5-15)$$

式中,c 为与模型材料有关的常数。该式称为应力光学定律。

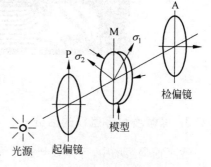

图 5-18　受力模型在正交平面偏振布置图

若在模型后面再放一个检偏镜 A，则沿主应力方向的两个平面偏振光将在 A 内发生干涉现象，干涉后的光强度 I 为

$$I = I_0 \sin^2 2\theta \sin^2 \frac{\pi\Delta}{\lambda} \tag{5-16}$$

式中，I_0 为起偏镜 P 发出的光强度，λ 为光波波长，θ 为起偏镜的偏振轴与模型上光学通过点的第一主应力 σ_1 方向之间的夹角。上式还可变为

$$I = I_0 \sin^2 2\theta \sin^2 \frac{\pi ct(\sigma_1 - \sigma_2)}{\lambda} \tag{5-17}$$

下面对式(5-17)进行讨论。

1. 等倾线

当 $\theta = 0°$ 或 $90°$ 时，由式(5-17)得，$I = 0$。这说明起偏镜 P 的光轴与一个主应力的方向相重合时，其光强等于零。若在检偏镜 A 后面放置一个投影屏幕 D，则在屏幕上观察到一个暗点。主应力方向相同的许多点形成一条暗带，称为等倾线。即等倾线上的各点的主应力方向相同，且与起偏镜的光轴一致。当同步转动起偏镜 P 和检偏镜 A 的方向，且保持两者的偏振轴始终垂直时，可以得到不同角度的等倾线。

2. 等差线

当 $\frac{\pi ct(\sigma_1 - \sigma_2)}{\lambda} = n\pi \, (n = 0, 1, 2, \cdots)$ 时，由式(5-17)得 $I = 0$，屏幕上观察到的点仍是暗点。此时

$$\sigma_1 - \sigma_2 = \frac{n\lambda}{ct} = \frac{nf}{t} \tag{5-18}$$

其中，$f = \frac{\lambda}{c}$ 是材料的条纹值，它与模型材料和所用光源的波长有关，是一个常数。可见，当模型应力差值为 $\frac{f}{t}$ 的整数倍时，$I = 0$，出现暗点。主应力差值相同的许多点形成一条暗带，称为等差线或等色线。$n = 0$ 的等差线称为零级等差线，$n = 1$ 的等差线称为一级等差线，依此类推。图 5-19 为纯弯曲梁的等差线图。

图 5-19　纯弯曲梁的等差线图

3. 等倾线和等差线的区分

在平面偏振场中，等倾线与等差线同时出现，相互重叠，相互干涉。如何在屏幕上加以区分呢？下面介绍几种区分方法。

（1）采用白色光源时，等倾线为黑色条纹，等差线为彩色条纹，两者便可区分。但这时

零级等差线仍为黑色的。

（2）同步转动起偏镜 P 和检偏镜 A，等倾线改变，等差线不变，这时通过观察条纹的变化可区分等差线和等倾线。

（3）改变所加外载的大小，等差线改变，等倾线不变。因为外载大小的改变并不影响主应力的方向，只改变主应力的大小，而等差线和等倾线分别反映主应力差的大小和方向。

（4）在起偏镜 P 后面和检偏镜 A 前面各加一个 1/4 波片（图 5-20），形成双正交圆偏振布置。

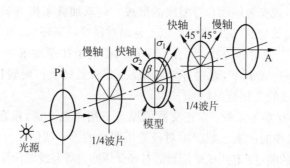

图 5-20 受力模型在双正交圆偏振布置图

1/4 波片的作用是当平面偏振光通过时，便分解成相互垂直的两个平面偏振光。它们在镜片内的传播速度不同，光程差 Δ 恰等于所用单色光波长的 1/4，1/4 波片的名称由此而得。在 1/4 波片中，传播较快的偏振光称为快轴，若使起偏镜 P 后的 1/4 波片的快轴与起偏镜 P 的偏振轴成 45°，而快轴又与检偏镜 A 前面的 1/4 波片的快轴垂直，这样两个 1/4 波片之间就形成正交圆偏振光场。

5-8 受压圆盘等差线

在正交圆偏振光场中，只有在模型中产生的光程差 Δ 为光波波长的整数倍时，才出现黑色条纹，也就是屏幕上只出现等差线条纹，而不出现等倾线。且等差线为整数级。

若将检偏镜偏振轴旋转 90°，使其与起偏镜偏振轴平行，而两 1/4 波片的快、慢轴不变，即得到平行圆偏振光场布置。在这种布置中，分别在光程差为半波长的奇数倍时产生等差线。所产生的等差线为半数级，即 0.5 级、1.5 级、2.5 级等。图 5-21 为对径受压圆盘的等差线图，它的上半部分是正交圆偏振场布置，等差线条纹级数为整数级；下半部分是平行圆偏振场布置，等差线条纹级数为半数级。

综上所述，通过光弹性试验，可以获得两种干涉条纹图。等倾线可以用于确定受力模型上各点主应力的方向；等差线可以用于确定受力模型上各点主应力的差值。再利用弹性理论，就可确定受力模型上各点的主应力值。

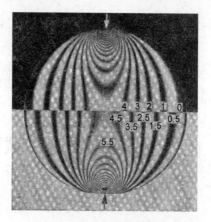

图 5-21 对径受压圆盘的等差线图

5.7.5 试验步骤

（1）认识光弹性仪：认识并了解光弹性仪各部件的名称及作用。

（2）平面偏振光场的布置：取下光弹仪的两块 1/4 波片，将起偏镜和检偏镜的偏振轴正交放置，开启白光光源，然后单独旋转检偏镜，同时观察平面偏振光场光强的变化情况，并正确布置出正交和平行两种平面偏振光场。

（3）等倾线和等差线的观察和绘制：调整加力装置，分别放入模型横梁、圆盘和圆环使之受力。逐渐加大荷载，观察等倾线和等差线的形成。转动加载架相当于起偏镜和检偏镜同步旋转，同时观察等倾线的特点，最后在绘图纸上绘出对径受压圆 0°、30°、45°、60°的等倾线图。

（4）在圆偏振场上观察等差线：在正交平面偏振场上按照要求加入两个 1/4 波片即得到正交圆偏振场。在白光源下，观察等差线条纹，分析其特点。旋转检偏镜 90°，形成平行圆偏振场，观察等差线的变化情况。

（5）单色光源下观察等差线：在正交圆偏振场下用单色光源，观察模型中的等差线图，比较两种光源下等差线的区别。绘制出对径受压圆盘的等差线图。

（6）材料条纹值的测定：利用试验绘制的对径受压圆盘等差线图计算模型材料的条纹值 f。

从应力差公式 $\sigma_1 - \sigma_2 = \dfrac{n\lambda}{ct} = \dfrac{nf}{t}$ 可以看出，只要知道一点主应力的差值和该点的等差线条纹级数 n，就可求出 f。对径受压圆盘的受力情况如图 5-22 所示，由弹性理论可知对径受压圆盘中心的主应力为

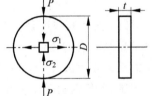

图 5-22　对径受压圆盘中心的主应力

$$\left.\begin{array}{l} \sigma_1 = \dfrac{2P}{\pi Dt} \\[3mm] \sigma_2 = -\dfrac{6P}{\pi Dt} \end{array}\right\} \tag{5-19}$$

主应力差值为

$$\sigma_1 - \sigma_2 = \frac{8P}{\pi Dt} \tag{5-20}$$

式中，P 为压力；D 为圆盘直径；t 为圆盘厚度。

所以，$f = \dfrac{8P}{\pi Dn} \text{N/mm}$ 级。 $\tag{5-21}$

这样，通过加压力 P 后，确定出圆盘中心点的条纹级数 n，便可以计算出 f。

5.8　电桥应用试验

5.8.1 试验目的

（1）掌握在静荷载下使用静态电阻应变仪的单点应变测量方法。

（2）学会电阻应变片 1/4 桥、半桥、全桥接法。

5.8.2　试验仪器和设备

（1）综合试验台等强度梁试验装置（详见 2.5 节材料力学综合试验装置）。
（2）XL2118A 系列静态电阻应变仪。
（3）加载砝码。

5.8.3　试验原理

1. 电阻应变片全桥、半桥、1/4 桥接法与应变测量

应变片可用各种不同的接线方法接入测量电桥中，利用电桥的基本特性，达到以下目的：温度补偿；从复杂的变形中测出所需要的应变分量；提高测量灵敏度；减少误差。

由电测原理知，电阻应变仪输出总应变与各桥臂应变片所感受的应变有如下关系：

$$\varepsilon_d = \frac{4U_{BD}}{EK} = \varepsilon_1 - \varepsilon_2 + \varepsilon_3 - \varepsilon_4 \tag{5-22}$$

式中，ε_1、ε_2、ε_3、ε_4 分别为各桥臂应变片的应变，式中设各应变片 K 相等，且 $K_0 = K$。

等强度梁尺寸与应变片编号如图 5-23 所示，纵、横向的正、反面各贴 2 枚应变片。

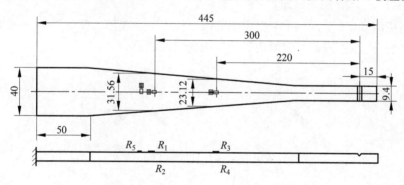

图 5-23　等强度悬臂梁应变片贴片图

1）半桥接线方法

（1）半桥单臂测量（图 5-24(a)）：电桥中只有一个桥臂接工作应变片（常用 AB 桥臂），而另一桥臂接温度补偿片（常用 BC 桥臂，多点测量可共用温度补偿片，此时的接桥称为 1/4 桥），CD 和 DA 桥臂接应变仪内标准电阻。考虑温度引起的应变 ε_t，按以上公式可得到应变仪的读数应变为

$$\varepsilon_d = \varepsilon_1 + \varepsilon_{1t} - \varepsilon_t \tag{5-23}$$

由于 R_1 和 R 的温度条件完全相同，所以 $\varepsilon_{1t} = \varepsilon_t$，电桥的输出应变只与工作片受力应变有关，与温度变化无关，即应变仪的读数为

$$\varepsilon_d = \varepsilon_1 \tag{5-24}$$

注意：应变仪测出的应变量级为 $\mu\varepsilon$，$1\mu\varepsilon = 10^{-6}\varepsilon$。

（2）半桥双臂测量（图 5-24(b)）：电桥的两个桥臂 AB 和 BC 上均接工作应变片，CD

和 DA 两个桥臂接应变仪内标准电阻。因为两工作应变片处在相同温度条件下，所以应变仪的读数为

$$\varepsilon_d = (\varepsilon_1 + \varepsilon_t) - (\varepsilon_2 + \varepsilon_t) = \varepsilon_1 - \varepsilon_2 \tag{5-25}$$

在应变仪的输出过程中，自动消除了温度的影响，无需另接温度补偿片。

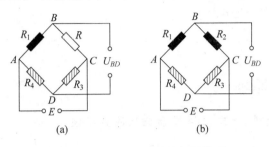

图 5-24　电桥接线法-半桥电路

(a) 半桥单臂测量；(b) 半桥双臂测量

2）全桥接线法

（1）对臂测量（图 5-25(a)）：电桥中相对的两个桥臂接工作片（常用 AB 和 CD 桥臂），另两个桥臂接温度补偿片。此时，四个桥臂的电阻处于相同的温度条件下，相互抵消了温度的影响。应变仪的读数为

$$\varepsilon_d = (\varepsilon_1 + \varepsilon_t) - \varepsilon_t + (\varepsilon_3 + \varepsilon_t) - \varepsilon_t = \varepsilon_1 + \varepsilon_3 \tag{5-26}$$

（2）全桥测量（图 5-25(b)）：电桥中的四个桥臂上全部接工作应变片，由于它们处于相同的温度条件下，相互抵消了温度的影响。应变仪的读数为

$$\varepsilon_d = \varepsilon_1 - \varepsilon_2 + \varepsilon_3 - \varepsilon_4 \tag{5-27}$$

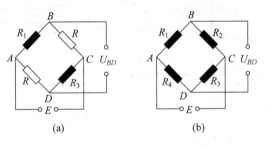

图 5-25　电桥接线法-全桥电

(a) 对臂测量；(b) 全桥测量

各种接桥方式与应变仪读数关系见表 5-8。

表 5-8　接桥方式与应变仪读数关系

序号	接桥方式	应变仪读数值	桥臂系数	备　注
1		ε_x	1	R_6、R_7 为电桥中固定电阻（应变仪机内电阻），R 为补偿电阻应变片

续表

序号	接桥方式	应变仪读数值	桥臂系数	备　注
2	R_1/R_3　R_5 R_6　R_7	$(1+\mu)\varepsilon_x$	≈ 1.26	R_5 为横向应变片，R_6、R_7 同上
3	R_1/R_3　R_2/R_4 R_6　R_7	$2\varepsilon_x$	2	同上
4	R_1　R_3 R_6　R_7	0	0	同上
5	R_1　R_2 R_4　R_3	$4\varepsilon_x$	4	—

2. 等强度梁理论应变计算

等强度梁(也叫等应力梁)是按等强度的原则设计的一种变截面悬臂梁,当对其施加荷载时,可在梁身的上、下表面产生一个均匀的单向应力场,试验中除用电测法测出其应变外,还可根据材料力学知识计算出理论值。

根据材料力学理论,图5-23所示矩形截面等强度悬臂梁各截面上、下两端的最大正应力为

$$\sigma = \frac{M(x)}{W(x)} = \frac{6Px}{b(x)h^2} \tag{5-28}$$

式中,P 为所加荷载；x 为加力端到计算应力点的距离；$b(x)$ 为 x 处梁的宽度；h 为梁的厚度。所以,上、下两端的正应变为

$$\varepsilon = \frac{\sigma}{E} = \frac{6Px}{Eb(x)h^2} \tag{5-29}$$

式中,E 为等强度梁材料的弹性模量。

5.8.4　试验方法

(1)试验接桥采用1/4桥方式时,应变片与应变仪组桥接线方法如图5-26所示。使用试件上的应变片 R_i(即工作应变片)分别连接到应变仪测点的 A/B 上,测点上的 B 和 B_1 用

短路片短接；温度补偿应变片 R_t 连接到桥路选择端的 A/D 上,桥路选择短接线将 D_1/D_2 短接,并将所有螺钉旋紧。

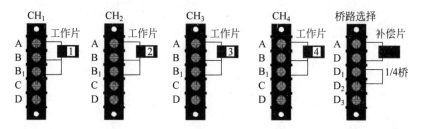

图 5-26   1/4 桥方式组桥应变片连接图

（2）试验接桥采用半桥方式时,应变片与应变仪组桥接线方法如图 5-27 所示。将试件上应变片 R_i（即工作应变片）连接到应变仪测点的 A/B 和 B/C 上；桥路选择端的 A/D 点悬空,测点上的 B 和 B_1 短路片断开,桥路选择短接线连接到 D_2/D_3 点,并将所有螺钉旋紧。

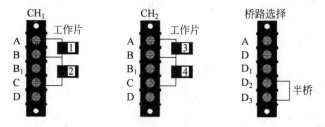

图 5-27   半桥方式组桥应变片连接图

（3）试验接桥采用全桥方式时,应变片与应变仪组桥接线方法如图 5-28 所示。将试件上两侧的应变片 R_i（即工作应变片）连接到应变仪测点的 A/B、B/C、C/D 及 D/A 上,测点上的 B 和 B_1 短路片断开,桥路选择短接线悬空,并将所有螺钉旋紧。

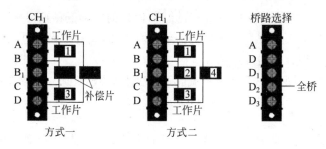

图 5-28   全桥方式组桥应变片连接图

5.8.5   试验步骤

（1）设计好本试验所需的各类数据表格。

（2）拟订加载方案。估算最大荷载 P_{max}（该试验荷载范围≤20N）。

（3）按试验要求进行组桥。接好线,调整好仪器,检查整个测试系统是否处于正常工作状态。

（4）试验加载。加载前电阻应变仪进行平衡；加载，依次记录各点应变仪的读数。

（5）做完试验后，卸掉荷载，关闭仪器电源，整理好所用仪器设备，清理试验现场，将所用仪器设备复原，试验资料交指导教师检查签字。

试验时需注意以下事项：

（1）应变仪未开机前，一定不要进行加载，以免损坏试件。

（2）试验前，一定要设计好试验方案。

（3）在加载过程中，一定要缓慢加载，不可快速进行加载，以免超过预定加载值，造成测试数据不准确，同时注意不要超过试验方案中预定的最大荷载，以免损坏试件；该试验最大荷载为20N。

（4）试验结束，一定要先将荷载卸掉，必要时可将加载附件一起卸掉，以免误操作损坏试件。

5.8.6　试验数据处理

将试验数据记录到表5-9中，并验证是否符合表5-8中所提供的桥臂系数。

表 5-9　试验数据处理表

组桥方式 荷载/N	1/4 桥			半桥	全桥
No.1					
No.2					
No.3					
平均值					
桥臂系数					

5.9　偏心拉伸内力素测定试验

5.9.1　试验目的

（1）测定偏心拉伸时由轴力和弯矩所产生的应力。

（2）测定偏心距 e。

（3）测定偏心拉伸时的最大正应力，验证迭加原理的正确性。

5.9.2　试验仪器和设备

（1）组合试验台拉伸部件（详见2.5节组合试验台说明）。

（2）XL2118A 静态电阻应变仪。

（3）游标卡尺、钢板尺。

5.9.3 试验原理

偏心拉伸试件如图 5-29 所示，在外荷载作用下，其轴力 $F_N = P$，弯矩 $M = Pe$，其中 e 为偏心距。根据叠加原理，得横截面上、下表面上的应力为拉伸正应力和弯曲正应力的代数和。

$$\sigma = \frac{P}{A_0} \pm \frac{6M}{hb^2} \quad (5\text{-}30)$$

在图 5-29 中，试件左、右侧边上的两个对称点应变分别为

$$\left.\begin{array}{l}\varepsilon_3 = \varepsilon_P + \varepsilon_M \\ \varepsilon_3' = \varepsilon_P - \varepsilon_M\end{array}\right\} \quad (5\text{-}31)$$

式中，ε_P 为轴力引起的拉伸应变；ε_M 为弯矩引起的弯曲应变。

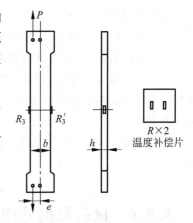

图 5-29 偏心拉伸试件及布片图

根据桥路原理，采用不同的组桥方式，即可分别测出与轴向力及弯矩有关的应变值，从而求得偏心距 e、最大正应力和分别由轴力、弯矩产生的正应力。

可采用半桥单臂（多点共用补偿片称 1/4 桥）方式测出两侧受力产生的应变值 ε_3 和 ε_3'，通过上述两式算出轴力引起的拉伸应变 ε_P 和弯矩引起的应变 ε_M；也可采用邻臂桥路接法直接测出弯矩引起的应变 ε_M（此接桥方式不需温度补偿片）；采用对臂桥路接法直接测出轴向力引起的应变 ε_P（此接桥方式需加温度补偿片）。

5.9.4 试验接桥方法

直接测量拉伸试件上两侧应变片由轴力产生的拉伸变形和弯矩产生的弯曲变形时，试验接桥采用 1/4 桥方式，应变片与应变仪组桥接线方法如图 5-30 所示。将拉伸试件两侧的应变片 R_i（即工作应变片）分别连接到应变仪测点的 A/B 上，测点上的 B 和 B_1 用短路片短接；将温度补偿应变片 R_t 连接到桥路选择端的 A/D 上，桥路选择短接线将 D_1/D_2 短接，并将所有螺钉旋紧。

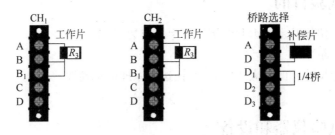

图 5-30 1/4 桥方式组桥应变片连接图

测量轴力产生的应变时，接桥采用全桥方式，应变片与应变仪组桥接线方法如图 5-31 所示。将试件上两侧的应变片 R_i（即工作应变片）连接到应变仪测点的 A/B 和 C/D 上，温

度补偿片 R_t 接到应变仪测点的 B/C 和 A/D 上,测点上的 B 和 B_1 短路片断开,桥路选择短接线悬空,并将所有螺钉旋紧。这样接桥时,应变仪显示的应变值为实际轴力产生的应变值的 2 倍,即在计算时应将显示值除以 2。

测量弯矩产生的变形时,试验接桥采用半桥方式,应变片与应变仪组桥接线方法如图 5-32 所示。将试件上两侧的应变片 R_i(即工作应变片)连接到应变仪测点的 A/B 和 B/C 上;测点上的 B 和 B_1 短路片断开,桥路选择端的 A/D 点悬空,短接线连接到 D_2/D_3 点,并将所有螺钉旋紧。这样接桥时,应变仪显示的应变值也是实际弯矩产生的应变值的 2 倍,即在计算时也应将显示值除以 2。

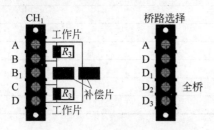
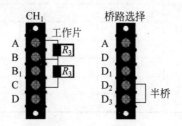

图 5-31　全桥方式组桥应变片连接图　　　图 5-32　半桥方式组桥应变片连接图

5.9.5　试验步骤

(1) 设计好本试验所需的各类数据表格。

(2) 测量试件尺寸。在试件标距范围内,测量试件 3 个横截面的尺寸,取 3 处横截面面积的平均值作为试件的横截面面积 A_0。

(3) 拟订加载方案。可先选取适当的初荷载 P_0,估算 P_{max}(该试验荷载 $P_{max} \leqslant 4000N$),分 4～6 级加载。

(4) 根据加载方案,调整好试验加载装置。

(5) 按试验要求接好线,调整好仪器,检查整个测试系统是否处于正常工作状态。

(6) 均匀缓慢加载至初荷载 P_0,记下各点应变的初始读数;然后分级等增量加载,每增加一级荷载,依次记录应变值,直到最终荷载。至少重复进行两次试验。

(7) 做完试验后,卸掉荷载,关闭电源,整理好所用仪器设备,清理试验现场,将所用仪器设备复原,试验资料交指导教师检查并签字。

5.9.6　试验注意事项

(1) 测试仪未开机前,一定不要进行加载,以免损坏试件。

(2) 试验前一定要设计好试验方案,准确测量试验计算用数据。

(3) 在加载过程中,一定要缓慢加载,以免超过预定加荷载载值,造成测试数据不准确,同时注意不要超过试验方案中预定的最大荷载,以免损坏试件。该试验最大荷载为 4000N。

(4) 试验结束后,一定要先将荷载卸掉,必要时可将加载附件一起卸掉,以免因误操作而损坏试件。

(5) 确认荷载完全卸掉后,关闭仪器电源,整理试验台面。

5.9.7　试验数据处理

将试验数据记录在试验数据记录表中,表 5-10 是 1/4 桥方式的试验数据记录表。按下列公式计算偏心距 e 以及轴力和弯矩所产生的应力。

表 5-10　试验数据记录表

荷载/N	P						
	ΔP						
应变仪读数 /$\mu\varepsilon$	ε_3						
	$\Delta\varepsilon_3$						
	平均						
	ε_3'						
	$\Delta\varepsilon_3'$						
	平均						

轴力和弯矩产生的应力:

$$\left.\begin{array}{l} \sigma_{F_N} = E\dfrac{\varepsilon_3 + \varepsilon_3'}{2} \\[3mm] \sigma_M = E\dfrac{\varepsilon_3 - \varepsilon_3'}{2} \end{array}\right\} \tag{5-32}$$

偏心距 e 试验值计算公式:

$$\left.\begin{array}{l} \varepsilon_M = \dfrac{\varepsilon_3 - \varepsilon_3'}{2} \\[3mm] e = \dfrac{Ehb^2}{6\Delta P}\varepsilon_M \end{array}\right\} \tag{5-33}$$

最大、最小应力:
试验值为

$$\left.\begin{array}{l} \sigma_{\max} = E\varepsilon_3 \\[3mm] \sigma_{\min} = E\varepsilon_3' \end{array}\right\} \tag{5-34}$$

理论值为

$$\sigma = \frac{P}{A_0} \pm \frac{6M}{hb^2} \tag{5-35}$$

5.10　单杆双铰支压杆稳定试验

5.10.1　试验目的

(1) 用电测法测定两端铰支压杆的临界荷载 P_{cr}。
(2) 将测量值与理论值进行比较,验证欧拉公式。

（3）观察两端铰支压杆丧失稳定的现象。

5.10.2 试验仪器和设备

（1）组合试验台压杆稳定试验部件（详见 2.5 节组合试验台说明）；

（2）XL2118A 静态电阻应变仪；

（3）游标卡尺、钢板尺。

5.10.3 试验原理

图 5-33 所示为两端铰支、中心受压的矩形截面细长杆。其临界力可按欧拉公式计算：

$$P_{cr} = \frac{\pi^2 EI_{min}}{L^2} \tag{5-36}$$

式中，I_{min} 为杠杆横截面的最小惯性矩，$I_{min} = \dfrac{bh^3}{12}$；$L$ 为压杆的计算长度。

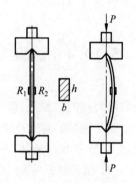

图 5-33 两端铰支的压杆及布片示意图

图 5-34(a) 中 AB 水平线与 P 轴相交的 P 值，即为依据欧拉公式计算所得的临界力 P_{cr}。在 A 点之前，即 $P < P_{cr}$ 时，压杆始终保持直线形式，处于稳定平衡状态。在 A 点，即 $P = P_{cr}$ 时，标志着压杆丧失稳定平衡的开始，压杆可在微弯的状态下维持平衡。在 A 点之后，即 $P > P_{cr}$ 时，压杆将丧失稳定而发生弯曲变形。因此，P_{cr} 是压杆由稳定平衡过渡到不稳定平衡的临界力。图 5-34 中的应变取压应变为正。

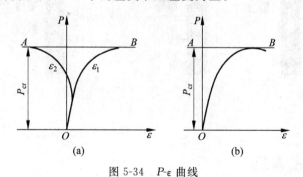

图 5-34 P-ε 曲线

(a) 1/4 桥接线方式曲线；(b) 半桥接线方式曲线

实际试验中的压杆，由于不可避免地存在初曲率、材料不均匀和荷载偏心等因素影响，当 P 远小于 P_{cr} 时，压杆也会发生微小的弯曲变形，只是当 P 接近 P_{cr} 时，弯曲变形会突然增大，而丧失稳定。

试验测定 P_{cr} 时，采用材料力学多功能试验装置中的压杆稳定试验部件，该装置上、下支座为 V 形槽口，将带有圆弧尖端的压杆装入支座后，在外力的作用下，通过能上下活动的上支座对压杆施加荷载 P。当压杆发生变形时，两端能自由地绕 V 形槽口转动，相当于两端铰支的情况。利用电测法在压杆中央两侧各贴一枚应变片 R_1 和 R_2，如图 5-33 所示。假设压杆受力后向右弯曲，用 ε_1 和 ε_2 分别表示应变片 R_1 和 R_2 两点的应变值，此时，ε_1 是由轴向压缩压应变与弯曲产生的压应变之代数和，ε_2 则是由轴向压缩压应变与弯曲产生的拉应变之代数和。

当 $P \ll P_{cr}$ 时，压杆几乎不发生弯曲变形，ε_1 和 ε_2 均为轴向压缩引起的压应变，二者相等；当荷载 P 增大时，弯曲应变逐渐增大，ε_1 和 ε_2 的差值也越来越大；当荷载 P 接近临界压力 P_{cr} 时，二者相差更大，而 ε_2 变成为拉应变。故无论是 ε_1 还是 ε_2，当荷载 P 接近临界压力 P_{cr} 时，均急剧增加。如用纵坐标代表荷载 P，横坐标代表压应变 ε，则压杆的 P-ε 关系曲线如图 5-34(a)和(b)所示，两条曲线分别表示试件上两个应变片采用两种接桥方式时的荷载与应变之间的关系曲线。从图中可以看出，当 P 接近 P_{cr} 时，P-ε_1 和 P-ε_2 曲线都接近同一水平渐进线 AB，A 点对应的纵坐标大小即为试验临界压力值。

5.10.4　试验方法

（1）试验接桥采用 1/4 桥方式时，应变片与应变仪组桥接线方法如图 5-35 所示。将压杆试件两侧的应变片（即工作应变片）分别连接到应变仪测点的 A/B 上，测点上的 B 和 B_1 用短路片短接；温度补偿应变片连接到桥路选择端的 A/D 上，桥路选择短接线将 D_1/D_2 短接，并将所有螺钉旋紧。

（2）试验接桥采用半桥方式时，应变片与应变仪组桥接线方法如图 5-36 所示。将试件两侧的应变片（即工作应变片）连接到应变仪测点的 A/B 和 B/C 上；测点上的 B 和 B_1 短路片断开，桥路选择端的 A/D 点悬空，桥路选择短接线连接到 D_2/D_3 点，并将所有螺钉旋紧。

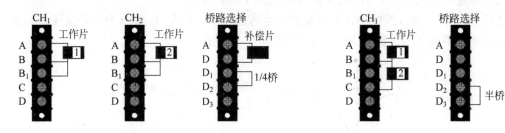

图 5-35　1/4 桥方式组桥应变片连接图　　　　图 5-36　半桥方式组桥应变片连接图

5.10.5　试验步骤

（1）设计好本试验所需的各类数据表格。

（2）测量试件尺寸。在试件标距范围内，测量试件 3 处横截面的宽度 b 和厚度 h，取其平均值，并用于计算横截面的最小惯性矩 I_{min}。

（3）拟订加载方案。加载前用欧拉公式求出压杆临界压力 P_{cr} 的理论值，在预估临界力值的 80% 以内，可采取大等级加载，进行荷载控制。例如，可以分成 4～5 级，荷载每增加一个增量 ΔP，记录一次相应的应变值，超过此范围后，当接近失稳时，变形量快速增加，此时荷载量应取得小些，或者改为变形量控制加载，即变形每增加一定数量，即读取相应的荷载，直到 ΔP 的变化很小，出现 4 组相同的荷载，或渐进线的趋势已经明显为止。这时，可认为此荷载值为所需的临界荷载值。

（4）根据加载方案，调整好试验加载装置。

（5）按试验要求接好线，调整好仪器，检查整个测试系统是否处于正常工作状态。

（6）加载分成两个阶段，在达到理论临界荷载 P_{cr} 的80%之前，由荷载控制加载，均匀缓慢加载，每增加一级荷载，记录两点应变值 ε_1 和 ε_2；加载超过理论临界荷载 P_{cr} 的80%之后，由变形控制加载，每增加一定的应变量，即读取相应的荷载值。当试件的弯曲变形明显时，即可停止加载。卸掉荷载。该试验至少应重复两次。

（7）做完试验后，逐级卸掉荷载，仔细观察试件的变化，直到试件回弹至初始状态。关闭电源，整理好所用仪器设备，将所用仪器设备复原，清理试验现场，试验资料交指导教师检查签字。

5.10.6　试验注意事项

（1）应变仪未开机前，一定不要进行加载，以免损坏试件。

（2）试验前，一定要设计好试验方案，准确测量试验计算用数据。

（3）试验时，将试件摆好，以免因摆放不正影响测试结果和试验效果。

（4）在加载过程中，一定要缓慢加载，不可快速进行加载。

（5）试验结束，一定要先将荷载卸掉，必要时可将加载附件一起卸掉，以免误操作损坏试件。

（6）确认荷载完全卸掉后，关闭仪器电源，整理试验台面。

5.10.7　试验数据处理

将试验数据记录在表 5-11 中，并按下列公式计算临界压力的理论值，并比较试验值与理论值。其中：试件最小惯性矩 $I_{min}=\dfrac{bh^3}{12}$；试件长度 $L=318\text{mm}$。

表 5-11　压杆稳定试验数据表

荷载 P/N	应变仪读数/$\mu\varepsilon$		
	1/4 桥方式		半桥方式
	ε_1	ε_2	ε

临界压力试验值 $P_{cr实}=$

临界压力理论值 $P_{cr理}=\dfrac{\pi^2 E I_{min}}{L^2}=$

试验值与理论值比较：$\dfrac{|P_{cr理}-P_{cr实}|}{P_{cr理}}\times 100\%=$

参 考 文 献

[1] 刘鸿文,吕荣坤.材料力学实验[M].4版.北京：高等教育出版社,2017.

[2] 付朝华,胡德贵,蒋小林.材料力学实验[M].4版.北京：清华大学出版社,2010.

[3] 庄表中,王惠明,马景槐,等.工程力学的应用、演示和实验[M].北京：高等教育出版社,2015.

[4] 方治华,李革,朱云.材料力学实验[M].呼和浩特：内蒙古大学出版社,2006.

[5] 计欣华,邓宗白,鲁阳.工程实验力学[M].2版.北京：机械工业出版社,2010.

[6] 戴福隆,沈观林,谢惠民.实验力学[M].北京：清华大学出版社,2010.

[7] 邓宗白,陶阳,金江.材料力学实验与训练[M].北京：高等教育出版社,2014.

[8] 卜宪华,王文仲,姜国栋.闭口轧钢机框架简化力学模型实验研究[J].佳木斯大学学报(自然科学版),1999,17(4)：397-399.

[9] 董林,韩剑,张百爽.造船用双角钢式脚手架的危险点电测[J].安全与环境学报,2004,4(1)：77-79.

[10] 朱启荣,方如华,曾伟民,等.FRP混凝土结构力学性能的实验研究[J].实验力学,2003,18(1)：161-165.

附录　材料力学试验报告

班级＿＿＿＿＿ 学号＿＿＿＿＿ 姓名＿＿＿＿＿ 试验时间＿＿＿＿

（在试验前预习并填写第一项至第三

一、试验目的

二、试验仪器设备

三、预习问题

四、试验数据记录

拉伸试验原始数据记录表

材料名称	试验前试样尺寸						试验后试样尺寸		屈服荷载 P_{sL}/kN	最大荷载 P_b/kN
	标距 l_0/mm	直径 d_0/mm			最小面积 A/mm²	平均面积 A_0/mm²	标距 l_1/mm	断口处直径 d_1/mm		
		位置一	位置二	位置三						
低碳钢		1	1	1				1		
		2	2	2				2		
		均	均	均				均		
铸铁	—	1	1	1			—	—		
		2	2	2						
		均	均	均						

压缩试验原始数据记录表

材料名称	试样高度 h/mm	直径 d_0/mm			横截面积 A/mm²	屈服荷载 P_s/kN	最大荷载 P_b/kN
		1	2	平均			
低碳钢							—
铸铁						—	

测量弹性模量 E 数据记录表

	第一级	第二级	第三级	第四级	第五级	第六级
荷载/kN						
引伸仪读数/格						
读数增量/格						

班级_____ 学号_____ 姓名_____ 试验时间_____

（在试验前预习并填写第一项至第三项

一、试验目的

二、试验仪器设备

三、预习问题

四、试验数据记录

测量剪切弹性模量 G 数据记录表

	第一级	第二级	第三级	第四级	第五级	第六级
荷载/N						
百分表读数/格						
读数增量/格						

扭转试验原始数据记录表

材料名称	直径 d_0/mm									抗扭截面模量 W_P/mm^3	屈服荷载 T_{sL}/(N·m)	破坏荷载 T_b/(N·m)
	位置一			位置二			位置三					
	1	2	均	1	2	均	1	2	均			
低碳钢												
铸铁												—

纯弯曲正应力

班级_____ 学号_____ 姓名_____ 试验时间_____

（在试验前预习并填写第一项至第三项

一、试验目的

二、试验仪器设备

三、预习问题

四、试验数据记录

弯曲试验原始数据记录表

编　号	1		2		3		4		5	
	测点应变/$\mu\varepsilon$									
荷载/N	读数	增量 $\Delta\varepsilon_1$	读数	增量 $\Delta\varepsilon_2$	读数	增量 $\Delta\varepsilon_3$	读数	增量 $\Delta\varepsilon_4$	读数	增量 $\Delta\varepsilon_5$
300										
600										
900										
1200										
$\Delta P=$ 300N	平均 增量		—		—		—		—	

接桥练习

序号	1	2	3	4
接桥 方式	R_1 B R_t A C	R_t B R_1 A C	R_1 B R_5 A C	R_1 B R_x A C
应变仪 输出				

班级_____ 学号_____ 姓名_____ 试验时间_____

（在试验前预习并填写第一项至第三项

一、试验目的

二、试验仪器设备

三、预习问题

四、试验数据记录

试验装置基本参数表

项 目 名 称	l_1/mm	l_2/mm	D/mm	d/mm	E/GPa	μ
数据						

试验数据记录表

荷载 Q/N	A 点						B 点			
	$\varepsilon_{45°}/\mu\varepsilon$		$\varepsilon_{0°}/\mu\varepsilon$		$\varepsilon_{-45°}/\mu\varepsilon$		$\varepsilon_{45°}/\mu\varepsilon$		$\varepsilon_{-45°}/\mu\varepsilon$	
	读数	增量	读数	增量	读数	增量	读数	增量	读数	增量
10										
20										
30										
40										
平均增量										

材料力学综合

试验题目＿＿

班级＿＿＿＿＿ 学号＿＿＿＿＿ 姓名＿＿＿＿＿ 试验时间＿＿＿＿＿

（试验报告内容：试验目的、试验器材、试

试验操作成绩＿＿＿＿＿试验成绩＿＿＿＿＿ 指导教师签字＿＿＿＿＿

方案、试验数据处理及结果、问题分析等）

试验数据记录表

测点荷载		$\theta=0°$			$\theta=60°$			$\theta=90°$		
		300N	600N	900N	300N	600N	900N	300N	600N	900N
1	读数									
	增量									
2	读数									
	增量									
3	读数									
	增量									
4	读数									
	增量									
5	读数									
	增量									
6	读数									
	增量									
7	读数									
	增量									
8	读数									
	增量									

六、试验分析及回答问题

力测定试验报告

五、数据处理及结果(写出计算过程及公式)

六、试验分析及回答问题

测定试验报告

验操作成绩_____试验成绩_____ 指导教师签字_____

容,试验老师检查合格方能参加试验)

五、数据处理及结果(写出计算过程及公式)

六、试验分析及回答问题

性能测定试验报告

检操作成绩_____试验成绩_____ 指导教师签字_____

容,试验老师检查合格方能参加试验)

五、数据处理及结果(写出计算过程及公式)

六、试验分析及回答问题

学性能测定试验报告

金操作成绩_____试验成绩_____ 指导教师签字_____

容,试验老师检查合格方能参加试验)

五、数据处理及结果(写出计算过程及公式)